KNOW-HOW

MAG

焊接技能

小窍门

中国职工技术协会 组织编写

王铵 主编

中国工人出版社

图书在版编目（CIP）数据

MAG焊接技能小窍门 / 王铵主编. ‒‒北京：中国工人出版社，2021.9
ISBN 978-7-5008-7709-7

Ⅰ.①M… Ⅱ.①王… Ⅲ.①焊接工艺 Ⅳ.①TG44

中国版本图书馆CIP数据核字（2021）第158595号

MAG焊接技能小窍门

出　版　人	王娇萍	
责 任 编 辑	赵静蕊	
责 任 印 制	栾征宇	
出 版 发 行	中国工人出版社	
地　　　址	北京市东城区鼓楼外大街45号　邮编：100120	
网　　　址	http://www.wp-china.com	
电　　　话	（010）62005043（总编室）	
	（010）62005039（印制管理中心）	
	（010）82075935（职工教育分社）	
发 行 热 线	（010）82029051　62383056	
经　　　销	各地书店	
印　　　刷	北京市密东印刷有限公司	
开　　　本	787毫米×1092毫米　1/32	
印　　　张	8.5	
字　　　数	147千字	
版　　　次	2021年11月第1版　2021年11月第1次印刷	
定　　　价	42.00元	

目 录

引言

MAG（熔化极活性气体保护电弧焊）是使用焊丝作为熔化电极，以纯二氧化碳或在氩气中加入少量的活性气体作为保护气的一种气体保护焊，也是应用最广泛、最成熟的焊接方法之一。MAG能获得稳定的焊接工艺性能和良好的焊接接头，可用于各种位置的焊接，并已广泛应用于碳钢、合金钢和不锈钢等黑色金属材料的焊接。

　　本书不仅汇编了碳钢焊接时多种形式的全熔透操作方法，而且详细介绍了轨道交通典型结构件侧梁、端墙、构架的对接焊缝全熔透，角接焊缝成型饱满的焊接窍门，同时收录了MAG焊接机器人枪轴同步连续转角等特殊工艺的编程方法、弧焊机械手焊接异常"诊断"及在役焊缝的缺陷焊接修复绝招。另外对人员培训中的焊接位置变化连续焊接、不同直径管材全位置焊接、障碍物模拟焊接的操作技巧也进行了阐述。

　　本书是众多生产一线的焊接作业人员，根据自己在解决实际焊接问题过程中的经验积累，提炼出的一些 MAG 的先进技能操作法以及绝招绝活。全书通俗易懂、简明扼要、图文并茂，还配有实际操作视频，是广大焊接作业人员在接受培训以及日常实际焊接过程中的必备工具书，也可作为焊接结构设计、工艺、管理及检验人员了解焊接工艺技术的参考资料，具有较高的实际参考价值和较大的借鉴作用。

上 篇

半机械化 MAG
技能小窍门

HV 形坡口对接全熔透横焊操作方法

一、问题描述

在焊接 HV 形坡口对接接头焊缝时，在操作空间允许的情况下通常是进行双面焊接，背面焊缝焊前可采用砂轮打磨或用碳弧气刨对根部进行清理，虽然能够保证焊接质量，但是其劳动强度大，生产效率不高；在箱型密封类结构中，无法实施双面焊接，加上受到组对间隙、坡口钝边、焊工操作技能等方面的影响，极易形成根部未焊透、层间未熔合等焊接缺陷，焊缝内部探伤合格率低，返修难度大、成本高。

焊接难点如下：箱型结构 HV 形坡口对接接头典型结构简图如图 1 所示，该类结构在安装上盖板前，内部焊缝 3、4 焊接可达性良好，安装上盖板后，1、2 焊缝背面无法实现焊接，须采用单面焊实现全熔透，即在焊接过程中，焊接电弧应从正面穿透到腹板背面形成焊缝。

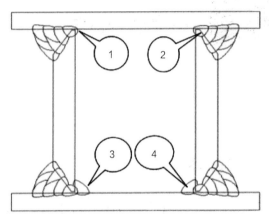

图 1　箱型结构 HV 形坡口对接接头典型结构简图

对于 HV 形坡口对接接头焊缝需要进行单面焊背面成型时，如何保证焊接电弧深入焊缝背面并形成熔池是其操作难点，经常会出现未焊透和背面未成型等质量问题，HV 形坡口 T 形对接接头焊缝典型缺陷实物照片如图 2 所示。

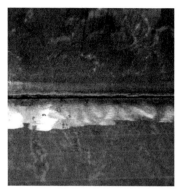 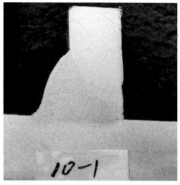

（a）焊缝背面未焊透实物照片　　（b）焊缝断面未焊透宏观金相照片

图2　HV形坡口T形对接接头焊缝典型缺陷实物照片

二、解决措施

1. 试件的组对要求

（1）组对间隙控制。

组对间隙控制在2~3mm为最佳，焊接电弧穿透性好，熔池液态金属停留时间可有效保证焊缝根部良好的熔合及背面成型，如图3（a）所示；当根部间隙在0~2mm时，焊接电弧的穿透性不好，熔池液态金属在过渡到焊缝背面前已在坡口内冷却凝固，导致背面焊缝透出少或根部未熔透，如图3（b）所示；当根部间隙大于3mm时，焊接电弧在坡口内的燃弧时间增长，热输入量和液态金属量随之增加，造成液态金属流动不受控制，使得背面焊缝金属透出过多，易造成焊缝流坠和底板根部未熔合，如图3（c）所示。

（2）钝边厚度控制。

坡口钝边厚度应控制在 1.0~1.5mm。

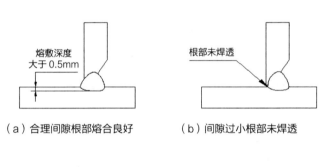

（a）合理间隙根部熔合良好　　　（b）间隙过小根部未焊透

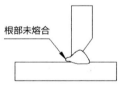

（c）间隙过大根部未熔合

图3　组对间隙对根部焊缝熔合质量及成型的影响示意图

2. 焊接工艺参数选择

焊接工艺规程（WPS）部分焊接参数见表1。

表 1　焊接工艺规程（WPS）部分焊接参数表

焊道分布 层 / 道	焊接电流 （A）	焊接电压 （V）	干伸长度 （mm）	气体流量 （L/min）
打底层 1 层 /1 道	160~180	18~20	15~17	17~20
填充层 2 层 /3 道	240~260	24~28	12~15	15~18
盖面层 1 层 /3 道	240~260	24~28	12~15	15~18

3. 打底层焊接操作方法

打底层的焊接操作方法的口诀为：上引→下送→一停留→回焊→摆动成型。即焊接电弧在坡口截面内进行斜三角形运动，在焊接方向上通过摆动成型。见图 4、图 5 所示。具体操作如下：

（1）上引：在坡口上边缘引燃电弧，利用电弧热量将立板坡口钝边熔化 0.5~1.0mm，形成焊接熔池。

（2）下送：带动焊接电弧沿坡口面斜向下移动，控制焊接电弧沿坡口面向背面送出至底板，使焊接电弧送至超出立板 1/2 长度处。

（3）一停留：焊接电弧在底板处停留 0.5~1.0s，确保焊接电弧对底板进行充分加热，使得背面焊缝熔透并在底板侧具有良好的熔深。

（4）回焊：控制焊接电弧沿底板面返回。

（5）摆动成型：采用斜锯齿形或斜月牙形的运弧摆动方法，使焊接电弧回焊至坡口上边缘并在焊接方向上前进一个波长。

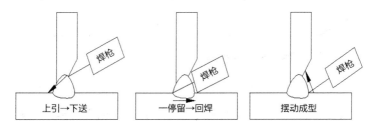

图4　T形对接接头焊缝打底层焊接电弧在坡口截面内移动轨迹示意图

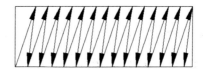

（a）焊缝斜锯齿形摆动

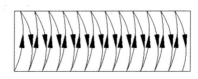

（b）焊缝斜月牙形摆动

图5　焊接电弧摆动轨迹示意图

（6）焊接：重复步骤 1~5 至焊接完成。

（7）注意事项。

①焊接过程中须根据坡口间隙和熔池温度/熔池停留时间适当调整焊接速度和焊枪的摆动幅度，确保焊接熔池与两侧母材的充分熔合和良好的焊缝背面成型。

②HV 形坡口对接接头在焊接时，焊枪倾斜角度应控制在坡口角度的角等分线上；焊枪与焊缝轴线的夹角应始终保持在 85°~90°；焊接过程中，应保证焊接操作角度和焊丝干伸长稳定，避免操作角度和焊丝干伸长度变化造成焊接电弧的挺度、穿透力减弱，无法将焊接电弧送至坡口背面，影响背面焊缝的成型和熔合质量，甚至因保护气体对焊接熔池的保护效果变差而形成气孔缺陷。见图 6 所示。

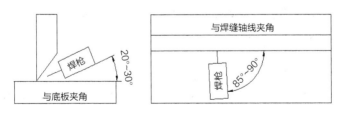

图 6　T 形对接接头焊缝打底层焊接操作角度示意图

4. 填充层与盖面层焊接操作方法

填充层的焊接操作方法的口诀为：先清→微摆→多道焊

→防倒前。具体操作如下:

(1)先清:必要时,在焊接填充层与盖面层前使用电动工具清理前道焊缝,避免因夹角过深造成未熔合缺陷。

(2)微摆:焊接电弧的摆动无论是斜锯齿形摆动,还是斜月牙形摆动,电弧的摆动幅度不应太大。

(3)多道焊:根据板厚及坡口面宽度,采用多层多道进行填充层与盖面层的焊接,焊接过程中采用直线形或小幅锯齿形或月牙形摆动焊接电弧,以获得良好的焊缝内部质量和较小的焊接热输入。

(4)防倒前:焊接过程中注意控制焊接电弧始终保持在熔化金属前端,带动液态的填充金属与母材金属向前移动,若熔池液态金属前置,导致焊接电弧作用在熔池液态金属上,推着熔化的液态金属而不是带动液态金属向前移动,焊后容易造成假焊或未熔合现象。

(5)注意事项。

①焊前清理打底层焊接时产生的氧化皮飞屑等影响焊接质量的杂物,注意焊趾处不得有夹角,局部凸起处应打磨平整后焊接。焊接时电弧摆至焊趾处时要稍作停留,以保证焊趾处充分熔合。

②焊接过程中尽量采用直线形或小幅摆动焊接方法，以保证获得良好的焊接熔深；道间应清理飞溅及氧化皮等影响焊接质量的杂物。多道焊接注意调整焊枪角度；填充层焊缝焊接操作角度变化示意图如图7所示。

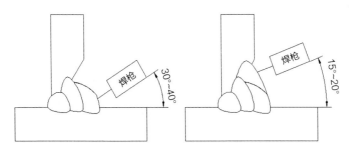

图7 填充层焊缝焊接操作角度变化示意图

三、实施效果

本焊接操作技巧可在具有类似结构以及有熔透和探伤要求的焊缝和产品上推广使用，如HV形坡口T形对接接头焊缝、HU形坡口T形对接接头焊缝。本焊接操作法可有效提高具有熔透要求的T形对接接头焊缝的生产效率和内外部焊接质量，能够节约大量因返修造成的工具成本和工时成本，具有良好的经济效益及社会效益。见图8、图9所示。

 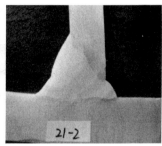

（a）焊缝背面实物照片　　　　（b）焊缝断面宏观金相照片

图 8　HV 形坡口 T 形对接接头合格焊缝实物照片

图 9　HU 形坡口 T 形对接接头产品焊接实物照片

扫码观看视频讲解

（中车齐齐哈尔车辆有限公司：黄凤龙，黄君辉，德欢）

2 | J形坡口左向
打孔焊接操作方法

一、问题描述

在澳大利亚某项目的执行过程中，对J形坡口的焊接是一大技术挑战。J形坡口焊接要求有 2mm 钝边并且组对无间隙，背透焊角达 3~5mm，并且只能通过一次焊接成型，背透成型必须均匀稳定，如在焊接过程中无法达到完全熔透或焊角尺寸不足，那么再进行修复并达到标准要求是很难的。前期针对J形坡口焊接采用的是传统的由右向左推枪施焊的方法，同时为保证背透成型使用穿透力较大的纯二氧化碳气体作为保护气体，此时的焊接特点是背透焊角尺寸成型不够稳定、焊缝成型差、易产生裂纹、焊接飞溅较大。

焊件材质为 Q345D 钢板，具有良好的焊接性能、冷热压力加工性能和耐腐蚀性。焊接方法选用二氧化碳气体保护焊。焊接前组对完全无间隙，接头组对尺寸示意图如图 1 所示，焊缝成型截面形状示意图如图 2 所示，焊缝截面熔合线示意图如图 3 所示。

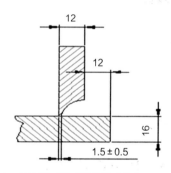

图 1 接头组对尺寸示意图（单位：mm）

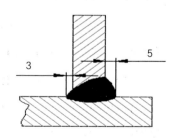

图 2 焊缝成型截面形状示意图（单位：mm）

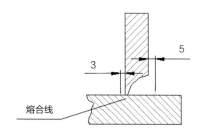

图 3　焊缝截面熔合线示意图（单位：mm）

二、解决措施

对传统半 V 形坡口与 J 形坡口进行对比分析，J 形坡口见图 4，常用的 50° 半 V 形坡口如图 5、图 6 所示，为将两坡口重叠对比，在 Y 方向上从根部开始每间隔 1mm 取 1 点，共取 5 点对照。通过对比得知 J 形坡口坡口壁较薄，有利于电弧击穿，但增加了操作难度。

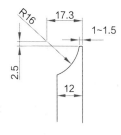

图 4　J 形坡口（单位：mm）

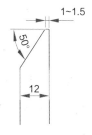

图 5　半 V 形坡口（单位：mm）

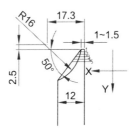

图6 两坡口重叠对比（单位：mm）

具体操作：

（1）12mm 板厚焊接需要 4 层焊接才能完成，如图 7 所示，必须在第一层焊接时就要完成背透成型 3~5mm 的要求，如图 8 所示。

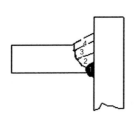

图7 J形坡口焊接示意图

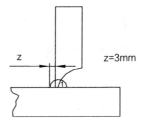

图8 焊接第一层示意图

（2）第一层打底焊操作：坡口置于 PA（平焊）位置，焊丝在坡口根部起弧，第一层焊缝必须全熔透。电弧引燃后快速向前拉弧 3mm 左右，目的是沿着立板根部全部打透，然后再回焊填充，使熔池通过熔孔在坡口背面形成焊角。沿着焊接方向手臂轻微摆动，形成一定频率的前后往复动作，电弧带动熔池快速向前重复动作。见图9、图10所示。

图9 熔孔示意图

图10 焊缝背透成型

（3）接头操作：打底焊采用的焊接参数较大，停弧时会出现收弧坑，我们会事先将焊接设置两个焊接参数，大参数用于打底焊接，小参数用于填满收弧坑，防止产生收弧裂纹。以停弧处计算向后打磨40mm左右，将坡口正面焊肉全部去除至坡口根部。

（4）第一层焊接完成后将坡口置于 PB（平角焊）位置，进行层间打磨，将焊缝磨薄。因为采用左向焊接加上焊枪往复动作易使焊道中间出现单个小气孔，焊缝磨薄后有利于在第一层焊缝二次熔化时使气体在熔池中溢出，第二层焊接时焊枪垂直于焊道并压低电弧，这样电弧推力加大更有利于气孔排气。

（5）J 形坡口焊接难点主要在于第一层打底焊接，因此其他层焊接在这里不做过多说明。焊接工艺参数见表 1。

表 1　焊接工艺参数表

焊层	电流（A）	电压（V）	保护气体	焊接速度（mm/s）
1	310	29	85%Ar+15%CO_2	6.6
2	280	30	85%Ar+15%CO_2	5.0
3	280	30	85%Ar+15%CO_2	5.0
4	270	29	85%Ar+15%CO_2	5.0

三、实施效果

左向焊接相对于右向焊接，电弧更有利于击穿坡口根部形成熔孔，电弧打到坡口背面，使背后行成 3~5mm 的焊角。

在电流、电压、气体流量等参数一定的时候，要保证正确的焊枪角度和掌握好运丝动作，严格控制熔池温度在一定范围内，使熔池金属冶金反应完全，气体、杂质排出得较彻底，并与母材金属很好地熔合。

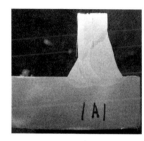

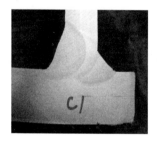

图 11 焊缝接头金相图片

扫码观看视频讲解

（中车长春轨道客车股份有限公司：何岩，李万君，谢元立，王善更）

T形接头 HV 焊缝焊接操作方法

一、问题描述

1. T形接头 HV50° 对接焊缝简介

T形接头 HV50° 对接焊缝是钢结构中最常采用的接头形式，在实际生产中，此种接头形式经常需要在平角焊位置操作，易出现焊缝根部未熔透和坡口面、层间未熔合等缺陷，且对焊接操作手法要求较高，造成焊缝返修，增加制造成本，延长制造周期。

2. T形接头 HV50° 对接焊缝未熔合产生原因分析

（1）运枪方法不当。

在生产中，焊接操作者进行打底焊时为了增加焊接填充量多采用往复运枪，拉长焊丝干伸长度等方式来增加打底焊缝厚度，这样易造成焊缝根部熔深变浅，填充盖面时采用锯齿摆动焊，造成立板咬边缺陷。

（2）焊枪角度不正确。

在焊接打底层时通常采用左向焊，随着焊道向前延伸，操作者身体没有跟随焊枪的移动做出相应的调整，焊枪后倾角度越来越大，电弧长度增加、电弧温度降低、熔深变浅，导致根部未焊透。在焊接填充层时，平行摆动焊枪喷嘴，未能做到焊接电弧与水平侧角度达到80° ~90° ，由于受热温度不够造成底板侧产生铁水下淌，形成未熔合缺陷。

二、解决措施

在进行平角焊操作时，通过操作过程中采用正确的运枪方法、焊枪角度，可以避免未熔合缺陷的产生，具体操作以板厚 6~8mm 的接头进行说明如下。

（1）板厚 t=6~8mm 时应采用 2 层 3 道进行焊接，焊接接头示意图如图1所示。

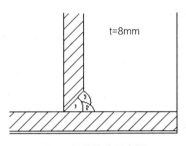

t=8mm

图1　焊接接头示意图

（2）打底层焊接时采用直线运枪，焊枪角度与底板成45°，前倾角75°~80°，电弧长度约为2~3mm，焊接过程中，可前后小幅度摆动，前移尺寸大小要均匀。收弧时，一定要填满弧坑，否则易出现气孔、裂纹，一旦出现必须打磨清除后再焊。填充层焊接前清理去除底层氧化皮，进行填充层第一道焊接，引燃电弧，预热工作端部形成熔池，开始焊接，焊枪与水平底板的角度稍微大些，一般为45°~55°，以使熔化金属与底板很好地熔合，焊接速度稍慢，一般覆盖打底焊道的1/2，为下一道焊缝留作参考基准，打底焊示意图如图2所示。

（3）第二道，引燃电弧后熔合第一道和坡口侧，焊枪对准前层焊缝最高处，焊枪与底板的角度为40°~45°，角度太大易产生焊角下偏现象，采用直线形运条法，焊接速度不宜太慢，因为焊接速度慢了容易产生焊瘤，熔池熔合第一道焊缝 1/3~1/2 处，第二道焊接示意图如图 3 所示。

图 2　打底焊示意图

图 3　第二道焊接示意图

三、实施效果

通过对 T 形接头 HV50° 对接焊缝焊接操作方法的改进，

避免了焊缝未熔合缺陷的产生，焊缝超声波探伤后的一次交检合格率得到了大幅度提升，从 75% 提升到了 95%，减少了焊缝返修率，提高了焊接质量。

扫码观看视频讲解

（中车大同电力机车有限公司：王鹏祥）

4 | T形接头立角焊操作方法

一、问题描述

低碳钢一般指含碳量在 0.10%~0.25% 的钢，多用于制作各种建筑构件、容器、箱体等，也是在 MAG 焊接领域广泛使用的一种焊接材料。立角焊是焊接生产中常见的一种焊接方式，但是由于焊接位置的原因容易产生一系列焊接缺陷，致使焊缝强度降低，从而缩短了焊缝的寿命。

T形接头立角焊常出现的问题有：

（1）参数问题。焊接参数的大小直接影响焊缝成型，如果焊接参数过小，会导致熔池温度过低，焊角根部熔深及边缘熔深不足。如果参数过大，则焊缝两边容易出现咬边，并且因重力原因使熔池铁水下流形成焊瘤。

（2）焊枪角度问题。立焊时焊枪角度尤为重要，焊接过程中焊枪由下至上缓慢移动，但因高度的问题，若焊缝足够长，焊枪越往上，我们的焊枪角度会越小，从而导致焊缝余高过高。

（3）焊接速度问题。参数合适的情况下速度过快，会使熔池温度偏低导致焊角偏小，熔深不良。焊接速度过慢，会使焊缝余高过高，额外增加打磨时间。

（4）运枪方法问题。MAG立焊的运枪方法不同于平焊、横焊等，因受重力影响，若选择的运枪方法不得当则会严重影响焊缝成型。

（5）组装问题。焊接的焊前组装也极为重要，组装时尽量不留有间隙，间隙过大会导致熔深不良。

二、解决措施

针对以上立角焊焊接过程中经常出现的问题，本文采取调整合适的焊接参数、保证合适的焊枪角度、运用合适的焊接速度、选择合适的运枪方法以及留取合适的组装间隙等多种方法予以改进。

试验中选用两块材质为 Q235B，尺寸为 200mm × 125mm × 10mm 的低碳钢试板进行焊接，焊前将焊缝周围 20mm 处的油污铁锈等杂质，用角磨机进行打磨清理。拼接时一块板平放，另一块板立放在底板中间，焊接组装样式图如图 1 所示。用 MAG 将两头固定，并用锤子敲击两焊点使其尽量缩小组对间隙。再在焊缝背部点上两点定位焊，防止焊接时试板向焊缝处变形。组装结束后将试板夹在夹板上，使待焊处垂直于地面，根据个人身高调节夹板距离地面的高度。打底焊结束后需用角磨机将打底焊多余的高度打磨平整，再继续焊接盖面层。

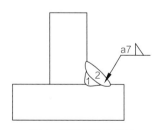

图 1　焊接组装样式图

（1）选择合适的焊接参数及焊接速度，立角焊焊接工艺参数表如表1所示。

表1　立角焊焊接工艺参数表

	电流（A）	电压（V）	焊接速度（mm/min）
打底	160~180	17~19	60
盖面	160~180	17~19	40

（2）保证合适的焊枪角度，焊枪角度示意图如图2所示。

不管在打底还是盖面焊接时，焊枪角度都不能因焊缝长度的增加而减小。

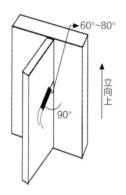

图2　焊枪角度示意图

（3）选择合适的运枪方法。建议将打底时常用的锯齿形运枪法改为采用三角形运枪法，如图3所示，盖面时将锯齿形运枪法改为反月牙运枪法，如图4所示。

图3 三角形运枪法　　　　图4 反月牙运枪法

操作过程及注意事项如下。

（1）打底焊时采用三角形运枪法，此运枪方法相比原来的锯齿形运枪法可以更好地掌控熔池，防止咬边现象发生的同时，焊丝也可以有足够的时间在熔池中间停留，确保了根部熔深以及侧边缘熔深，也可以防止焊角过小导致盖面时摆动过大，影响盖面外观。

（2）在焊接过程中，需要注意画三角时，眼睛要盯紧焊缝根部的基准线，焊枪不能摆动幅度过大，以免熔深断断续续。也不能摆动过密，根据熔池高度决定焊接速度。

（3）盖面焊时采取反月牙运枪法，用原先的锯齿形运枪法焊接时，外观成型花纹杂乱，并且在摆动过程中，焊缝中间熔池温度偏高，铁水有下坠现象，最终导致焊缝余高过大，应力集中。而反月牙运枪法通过改变运枪轨道的距离，使焊

上篇　半机械化MAG技能小窍门

接过程中焊缝中间熔池的温度得到冷却。不管是从左往右摆还是从右往左摆，都可以使相反方向的熔池达到半凝固状态，从而得到更好的外观成型和较好的余高。

（4）操作时需要注意的是画反月牙时，月牙弧度不能过大，过大会使另一半的熔池完全冷却，熔池再摆过去时，会使焊接参数偏小。导致焊缝外观成型僵硬，熔合不佳。过小也会导致焊缝余高偏大。

三、实施效果

打底焊接时，三角形运枪法相比锯齿形运枪法，可以获得更好的熔深，并且避免了咬边现象的发生，改进前和改进后的打底外观照如图5、图6所示。

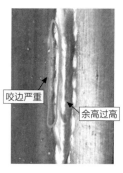

图5　改进前打底外观照

图6　改进后打底外观照

盖面焊接时，反月牙运枪法相比锯齿形运枪法可以更好地控制焊缝余高的问题，外观成型也有了较大的变化，改进前和改进后的盖面外观照如图7、图8所示。

图7　改进前盖面外观照

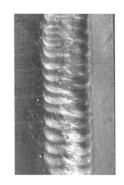

图8　改进后盖面外观照

　　焊缝宏观成型方面也得到了很好的改善，改进前和改进后的熔深情况如图9、图10所示。

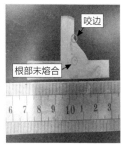

图9　改进前熔深情况

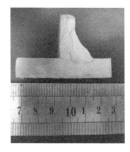

图10　改进后熔深情况

此种操作方法适用于大多数中厚板，也为中厚板立角焊的焊接培训提供了借鉴素材。

扫码观看视频讲解

（中车戚墅堰机车车辆工艺研究所有限公司：程肇君）

薄板单面焊双面成型及变形控制技巧

一、问题描述

20ft35t 的敞顶集装箱是一种主要用于公铁、铁海联运的专用集装箱，可装载散堆货物和成件包装货物，实现门对门的运输。敞顶箱主要由底架、前端、侧墙、门端、固货装置、篷布支撑杆和篷布组成，也可不使用篷布支撑杆和篷布。

1. 薄板对接焊现状

20ft35t 的敞顶集装箱前端前墙板由 2 块厚度为 2.5mm 的压型波纹板焊接而成；侧墙侧板由厚度为 2.3mm 的 5 块压型

波纹板拼接而成；前墙板拼接焊缝和侧板拼接焊缝均是外观焊缝，焊缝质量和焊接后的变形直接影响箱体的外观质量。通常采用半自动气体保护焊手工焊接，焊缝质量不能满足要求，经常出现返修。

2. 存在问题及改进方向

前墙板拼接焊缝和侧板拼接焊缝质量要求高，每条焊缝长度约 2600mm；焊后焊缝周围会产生波浪变形，约 3mm，矫正难度大。且手工焊接，存在不能保证焊缝直线度，焊接接头多，打磨工作量大等问题。通过采取一定的工艺方法，利用现有的设备，制作简易的工装，使用合理的焊接规程，可以保证此焊缝的焊接质量，降低补焊、打磨焊缝接头等工作量，同时减少焊接变形对外观质量的影响。

二、解决措施

1. 工艺措施

（1）控制薄板组对间隙，保证间隙均匀，且最大间隙不能大于 0.5mm，并使用引弧板和收弧板。

（2）合理设置定位焊间距，以 150~250mm 为宜，并在焊前将定位焊打磨至平整。

（3）制作工装和压紧机构将焊缝两侧板件进行固定，两型钢间距按照能保证焊嘴通过且有一定调节量为宜。

（4）提前准备好相同厚度、相同材质的试板，按照产品组装的要求进行组对，分别采用不同的焊接参数进行焊接，检查焊缝情况，确定好最优的焊接参数。

（5）结合有限公司现有装备状况及使用情况，使用NZ-T形自动焊接小车进行焊接，并制作自动焊接小车轨道。

2.焊接操作

（1）焊接前调整好小车轨道，焊接中操作者在需要时对小车行进方向的偏移量以及焊嘴与板的高度进行微调，避免出现焊偏、焊穿等焊接缺陷，保证焊缝质量。控制两板拼接组装间隙，最大间隙不能大于0.5mm。强制焊接工装和自动焊接小车如图1所示。

（2）定位焊间距150~250mm，且焊前要打磨平整。焊工如图2所示进行焊接操作。

（3）焊接规范：焊接电流为110~125A，焊接电压为18~20V，如图3所示。焊接速度约420mm/min，焊接前需要制作强制焊工装对工件进行压紧。

图 1　强制焊接工装和自动焊接小车

图 2　焊工进行焊接操作

图3 焊接规范

（4）焊后等待约5min，待焊缝冷却至常温，即可拆除焊缝强制压紧装置，进行下一条焊缝的焊接；全部焊接完成后，切割清除引弧板，收弧板。

三、实施效果

按照该操作法进行控制后，提高了焊接工作效率，前墙板和侧板拼接焊缝成型良好，焊后平面度符合质量要求，取消了焊后矫正的工序，一般没有焊接接头，减少了焊缝修补、打磨的工作量，提高了工作效率，并得到船级社监造师的高度赞赏。若购买专业焊接设备和焊接用工装，需要花费15万元左右。目前采用的焊接工艺，成本约2.5万元。焊缝外观如

图 4 所示，焊后平面度检测如图 5 所示。

图 4　焊缝外观

图 5　焊后平面度检测

综上所述，通过采取一定的工艺措施，利用现有的设备，制作简易的工装，使用合理的焊接规程，可以保证此焊缝的焊接质量，节省焊缝修补、打磨的时间，减少焊后处理工作量，同时减少焊接变形对外观质量的影响。在 20ft35t 敞顶集装箱批量生产制造时，可采用类似工艺进行质量控制，有极强的参考意义。

扫码观看视频讲解

（中车眉山车辆有限公司：代勇，杨中伟，张振龙，刘洋）

6 侧梁吊挂环形焊缝焊接操作方法

一、问题描述

标准动车组动车转向架侧梁吊挂安装座环焊缝由侧梁梁体立板、吊挂安装座、侧梁上盖板焊接而成，如图 1 所示，焊缝为多层多道焊，通过变位器将焊接位置调整至 PB（平角焊）位置。由于多层多道焊的接头过于集中，且存在三点交会情况，同时操作空间狭小，吊挂安装座环焊缝焊接完成后，三点交会位置打磨难度大，熔合线清理困难，焊缝质量难以得到保证。

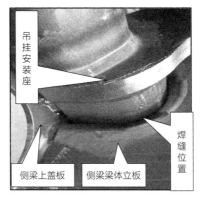

吊挂安装座

焊缝位置

侧梁上盖板　　侧梁梁体立板

图1　焊缝位置示意图

　　侧梁吊挂安装座环形焊缝缺陷集中产生在层道间接头位置及层道压焊位置，由于焊缝位置受限及部件遮挡整条焊缝会出现多处接头，频繁起弧或收弧就容易在起弧、收弧位置产生缺陷。其他客观因素有：焊接站位不合理；焊枪角度不合理；焊缝压覆布局不合理以及层间清理不彻底，极易在层道间产生缺陷。

　　对侧梁吊挂安装座焊接时的焊枪角度控制进行改善并进行验证，优化焊枪摆动方法，通过优化焊枪的摆动方法和控制焊枪角度来提高多层多道焊的层间质量；将起弧、收弧位置引离三点交会处，减少接头数量，消除接头缺陷，通过该方法焊接，接头数量减少2/3，使侧梁吊挂环形焊缝的焊接质量得到有效控制。

二、解决措施

1. 指导焊枪角度控制，优化焊枪摆动方法

对焊接过程中的焊接站位进行固化，对焊枪角度控制进行指导，此焊缝由于空间狭小，打底焊时焊枪角度控制在45°左右，保证焊丝达到坡口根部，保证焊缝充分熔合；填充焊接时焊枪角度为40°左右，如图2所示，焊枪适当摆动，保证焊趾处熔合良好；盖面焊接时焊枪角度为45°左右，如图3所示，上层焊缝压到下层焊缝的2/3处，焊接速度适中，保证焊缝层道间焊接状态良好，无夹沟、未熔合等缺陷。

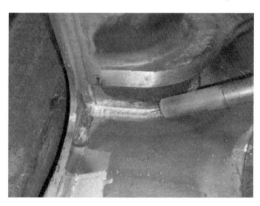

图2 填充焊接时的焊枪角度

图3　盖面焊接时的焊枪角度

2. 将起弧、收弧位置引离三点交会处

焊接时将起弧点引出焊缝，逐步过渡到三点交会位置进行环形焊缝焊接，焊接完毕时同样将收弧点引出，避免收弧在三点交会位置，形成缺陷，如图4所示。

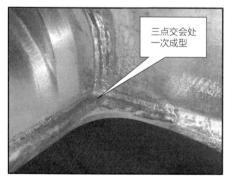

三点交会处
一次成型

图4　起弧、收弧点引离三点交会处

打磨作业采用风动 80 工具打磨辅助焊缝做顺滑处理，发现微小的缺陷进行扣除焊补打磨，确保辅助焊内无缺陷后进行整体打磨。细磨作业时为了保证焊缝的探伤质量，过渡区域中发现微小的缺陷进行扣除焊补打磨，两侧打磨后整体对称。

三、实施效果

通过对侧梁吊挂安装座焊接方法的优化，在工作效率、成本节约等方面有了显著效果。经统计，使用新的操作方法在焊接完成后，接头数量减少 2/3，焊缝的焊接质量明显提升。焊接缺陷修复时间、打磨耗材等方面的消耗大幅度节约，并有效地提升了生产效率。优化前后的效果对比如表 1 所示：

表 1　优化前后的效果对比

项点	优化前	优化后	取得效果
质量方面	焊缝存在多个接头，三点交会位置外观焊接质量较差，焊缝内部熔合不良，极易产生层间未熔合缺陷，导致焊缝 MT（磁粉检测）探伤缺陷较多	焊缝一次焊接成型，每道焊缝由 3 个接头减少到 1 个，接头数量减少 2/3，焊缝成型美观，内部质量良好，MT 探伤缺陷大幅较低	MT 探伤合格率提升 15%

MAG 焊接技能小窍门

项点	优化前	优化后	取得效果
生产效率	对每道焊缝的接头位置进行打磨清理，清理时间约占整个作业时间的 3/5	每道焊缝只有 1 个接头，打磨时间约占整个作业时间的 1/5	生产效率提升 85.7%

　　通过对侧梁吊挂安装座环形焊缝焊枪角度的控制及焊枪摆动优化，在提升探伤合格率的同时，也大幅提升了生产效率，解决了生产瓶颈。公司组织高技能人才对操作人员现场手法进行指导，从理论及实操两方面加强操作者对方法的掌握。此改进方法简单易操作，极大地降低了焊接操作难度，减少了焊接缺陷的产生，为其他车型相似位置焊缝的处理提供了宝贵的经验。

扫码观看视频讲解

（中车青岛四方机车车辆股份有限公司：谈述龙，王宝昌，孙正夏）

上篇　半机械化 MAG 技能小窍门

侧梁对接焊缝起弧、收弧焊接操作方法

一、问题描述

侧梁对接焊缝所处重要受力部位，如图 1 中大圈区域所示，因其位于下部下盖板受拉应力影响区域，焊缝内部质量至关重要。侧梁弹簧筒围板与侧梁立板对接焊缝采用板厚 16mm 带工艺倒角的筋板作为焊接垫板进行焊接，对接焊缝组装间隙要求为：（6+3）mm、（6-3）mm。焊接时采用 PA（平焊）位置形式焊接，焊后弹簧筒围板、侧梁立板及垫板形成一个整体，工艺倒角的目的是使侧梁内腔焊接筋板两侧焊缝能够有效地连接，增强结构强度。图1中小圈所示位置为本文介绍的缺陷产生位置。筋板倒角部位未熔合缺陷如图2所示。

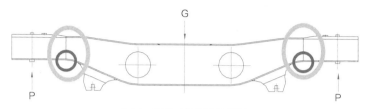

图1　侧梁对接焊缝位置图

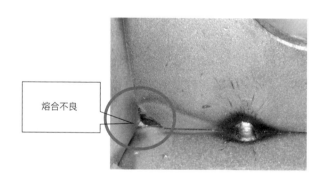

图2　筋板倒角部位未熔合缺陷

　　侧梁对接焊缝存在问题：对接焊缝焊后，从侧梁内筋内部观察筋板倒角部位，存在未熔合缺陷，未熔合位置是侧梁内筋焊缝三点交会部位，这使得焊缝应力集中问题格外突出，对侧梁整体强度产生不利影响，焊接筋板倒角示意图如图3所示。

筋板倒角部位

图3　焊接筋板倒角示意图

　　对接焊缝打底焊后，焊缝收弧部位存在收弧缩孔缺陷，由于背面筋板存在倒角，使得缩孔缺陷深度较深，导致此位置应力集中问题同样突出，由于深度较深，使得缩孔缺陷清除较困难。焊缝收弧部位焊后缩孔缺陷如图4所示。

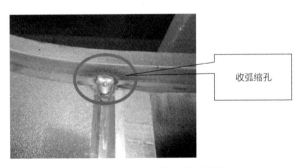

收弧缩孔

图4　焊缝收弧部位焊后缩孔缺陷

　　焊接工艺：采用混合气体 MAG 焊接方法，焊接参数如下。

电流为 260A，电压为 28V，电流、电压允许上下浮动 10%，混合气体比例为 80%Ar+20%CO$_2$，混合气体流量为 18~22L/min，焊材牌号为 CHW–55CNH。焊接位置及方向如图 5 所示。

图 5 对接焊缝焊接位置、焊接方向图

对接焊缝内部存在问题的原因分析及改进方向如下。

当对接焊缝焊接，由焊缝端部焊接到达工艺倒角部位时，由于倒角部位成 45°，如图 6 所示，焊枪角度使焊丝电弧相对于垫板倒角面平行，同时存在向下焊问题，焊接时，熔池往下流填满筋板倒角位置，因为电弧与倒角位置平行的缘故，电弧向下吹，熔池中的液体下淌，易在倒角两侧位置形成焊瘤缺陷，倒角部位处于熔合不良状态，接头内部质量难以保证，筋板 45° 倒角部位向下焊问题是导致熔合不良的原因所在。

对接焊缝倒角部位焊接填充深度深、表面积相对较小，收弧点无法引出，容易造成收弧缩孔缺陷的发生。

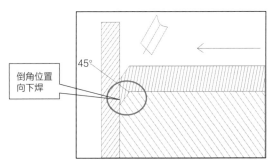

图 6　垫板倒角部位示意图

消除工艺倒角部位熔合不良及焊后缩孔缺陷是提升对接焊缝内部质量的改进方向。

二、解决措施

1. 改进工艺措施

增加工艺倒角部位焊接预处理工艺，预先对工艺倒角部位进行焊接，由原先出现向下焊问题的位置改进为垫板倒角位置填充焊接，消除了向下焊问题和收弧位置焊缝深度过深问题，确保倒角部位内部质量后，再进行对接焊缝 PC（横焊）

位置的焊接。

2. 操作手法

工艺倒角部位预处理焊接位置采用 PC 位置，如图 7 所示。焊接参数为电流 260A，电压 28V，电流、电压均按照上下 10% 浮动，采用大参数焊接使 PC 位置焊缝熔透率增加，确保焊缝背面倒角部位熔深符合要求。

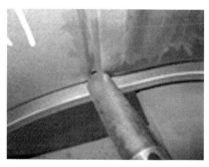

图 7　对 PC 焊接位置的预处理

预处理焊接时，从焊枪下盖板引弧后，迅速从弹簧桶围板与侧梁立板之间的间隙向内直线方向引向工艺倒角根部位置焊接，动作要求迅速到位，这里尤其需要注意两点：

（1）避免焊枪焊丝触碰两侧钢板断弧，导致电弧焊接中断造成熔合不良。

（2）避免因速度较慢导致熔深不足问题，焊枪同时要做左右摆动，如图 8 所示。

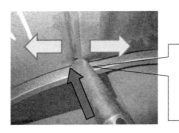

焊枪直线
进入后做
左右摆动

图 8　焊枪做左右摆动

　　左右摆动使电弧将筋板倒角两侧充分熔合良好，同时利用 PC 焊接位置背面焊缝熔深大、成型好的特点，在垫板倒角处两侧停留时间设定在 2s 左右，保证垫板两侧有一定的凸出，以利于内筋三点交会部位焊缝接头能够保证衔接良好，降低焊缝接头应力集中，如图 9 所示。

图 9　倒角部位筋板两侧焊缝凸出

在倒角位置坡口根部及两侧焊接完成后，焊枪做梯形方式摆动填满垫板倒角坡口后，电弧引出至弹簧筒围板、侧梁立板坡口各 20mm 长度，如图 10 所示，向两侧引出，这样既能保证下盖板焊缝坡口接头避免集中在一点，以及接头衔接良好，还能预防收弧缩孔的出现。

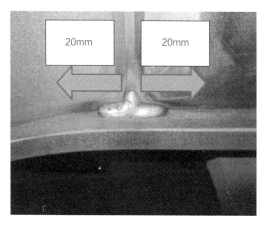

图 10　两侧各引出 20mm

三、实施效果

通过增加工艺倒角部位焊接预处理工艺和制定操作手法注意事项，可以使操作者快速掌握此种焊接手法，使倒角部位的内部质量得到保证，改进后倒角部位焊后熔合状态良好，

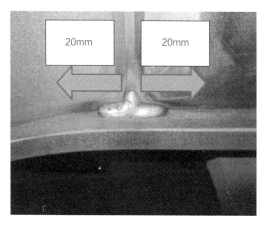

上篇　半机械化 MAG 技能小窍门

57

如图 11 所示，未发现焊瘤、熔合不良缺陷。

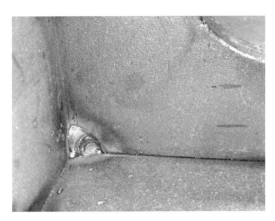

图 11　倒角部位熔合良好

改进后，焊缝内部焊接质量得到明显提升，缺陷修复所需要的时间大幅降低，缺陷修复物料损耗也有所降低，改进前及改进后效果对比见表 1。

表 1　焊接工艺改进前及改进后效果对比

前后对比	台车缺陷发生率（%）	台车缺陷修复时间（min）	台车物料消耗成本（元）
改进前	60	210	210
改进后	7	40	30

通过对焊接工艺的改进，焊接质量得到大幅提升，焊接缺陷发生率得到有效降低，操作者很容易掌握改进后的方法，

焊接技能得到进一步提升,经过一段时间的跟踪观察,焊接质量趋于稳定。此方法可以推广至相似结构焊接过程控制中。

扫码观看视频讲解

(中车青岛四方机车车辆股份有限公司:周民,王宝昌,毛德仁)

8 侧梁内筋封头焊接操作方法

一、问题描述

转向架侧梁内筋焊缝由下盖板、筋板及两侧立板组成，焊接过程空间狭小、焊枪可达性差，焊缝位置示意图如图 1 所示，一方面焊接时需要通过变位器不断调节焊接位置，造成频繁的焊接中断，另一方面可达性差造成的焊丝干伸长进一步加剧了焊接缺陷的产生，焊缝内部质量得不到保证，成为制约生产效率的瓶颈。

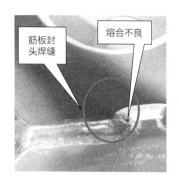

图 1　焊缝位置示意图

　　转向架侧梁内筋筋板密集，空间狭小，筋板封头焊要求6.4mm的焊角。焊接时因人员站位、焊枪角度、频繁调整焊接位置及筋板与筋板之间的阻挡原因导致筋板封头焊易出现熔合不良以及焊缝存在大量接头，实际生产过程中产品返修率过高的问题。

　　拟从调整侧梁内筋焊接时人员站立位置、优化焊枪角度及摆动方法、明确焊枪摆放位置和起弧位置，来提高内筋焊缝封头焊质量状态。

二、解决措施

1. 调整人员站立位置

　　人员站位由原先正对焊缝位置改为侧对焊缝位置，操作者位于焊缝侧后方，处于焊接视线良好，便于观察熔池状态，并且给焊枪增加了摆动空间，如图2所示。

图2　人员站立位置示意图

2. 明确焊枪角度和摆动方法

焊枪运行角度由原先的横向运行改为纵向推行，焊枪基本处于侧梁下盖板平行方向。焊枪由原来的前后摆动改为左右摆动，电弧可以达到筋板另一侧位置，使坡口侧得到有效熔深，如图3、图4所示。

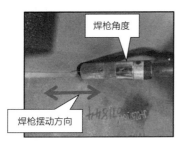

图3　焊枪摆放角度

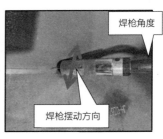

图4　焊枪摆动示意图

3.确定焊枪起弧位置

焊枪原来由侧梁筋板之间起弧,现改为由筋板另一侧起弧,如图 5、图 6 所示。

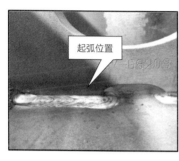
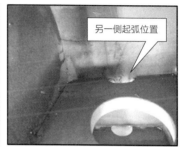

图 5　起弧位置　　　　　　　图 6　另一侧起弧位置

三、实施效果

通过现场试验推广应用后,现场随机对 20 台车侧梁焊接过程进行跟踪,并对缺陷数量进行统计,每台车合格率达到 100%。

经过统计,每台车侧梁可节约返修时间 160min,在提升焊接质量的同时,也大幅提升了生产效率,解决了生产瓶颈。

组织侧梁焊接人员进行专项培训,加深操作者对该焊接方法的理解,使其能够准确应用到焊接作业中,此改进方法简单易操作、操作过程易控制，极大地降低了焊接操作难度，降低了焊接缺陷的发生率，此焊接操作方法解决了新车型焊接难题，可以为后期同种或相似结构的动车组及地铁侧梁的焊接提供借鉴依据。

扫码观看视频讲解

（中车青岛四方机车车辆股份有限公司：袁涛，王宝昌，孙正夏）

侧梁箱体全熔透焊接操作方法

一、问题描述

在焊接构架试制过程中，将侧梁立板割孔后发现上盖板
与立板（左、右）焊缝，存在背面未熔透现象。

1. 存在问题

焊缝全熔透合格率较低，返工返修时，由于受侧梁内腔
空间位置限制，给焊修造成很大的难度和阻力。

2. 原因分析

受焊接收缩影响，焊接过程中组装间隙收缩变小，导致

坡口钝边过大和焊缝根部夹沟过深是造成背面未熔透的主要原因。根部未熔透缺陷如图1所示。

（a）组装间隙收缩变小或钝边厚——根部未熔透

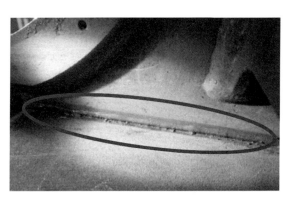

（b）背面根部成型夹沟较深——根部未熔透

图1　侧梁立板背面未熔透

二、解决措施

1. 改进方向

为保证焊缝能够全熔透，必须保证足够的间隙，控制钝边大小，采用适当的焊接参数、焊接速度，制定合适的操作手法。

2. 坡口加工改善

从加工工艺入手，进行腹板加工时，在上盖板一端部位置保留一段腹板用原尺寸加工，其他位置比此位置多加工3mm，便于上盖板组装时预留3mm间隙，侧梁立板加工后状态如图2所示。

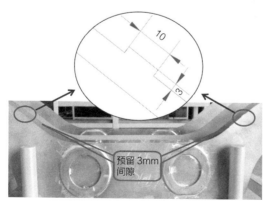

图2　侧梁立板加工后状态

组装时，确保上盖板与腹板预留 3~4mm 间隙进行定位焊，再焊接段焊预防定位焊开裂，并对段焊的起弧、收弧处进行打磨，且打磨成斜角，便于后续接头衔接时的接头质量。

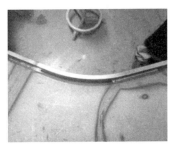

图3　段焊状态及接头打磨后状态

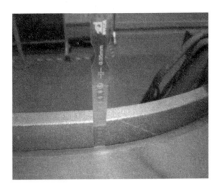

图4　预留间隙满足 3mm

3.操作手法

通过改变焊接位置的工艺验证，在该位置采取打底焊，由原来的 PA 位置焊接，改为 PC 和 PF（向上立焊）位置焊接。具体如下：

PC 焊接位置：组装间隙 3~4mm，采用焊接电流 150A，电压 18.5V 进行打底焊接，焊后状态如图 5 所示。

图 5　PC 焊接位置试板焊后状态

PF 焊接位置：组装间隙 3~4mm，采用焊接电流 150A，电压 18.5V 进行打底焊接，位置试板焊后状态如图 6 所示。

图 6　PF 焊接位置试板焊后状态

经过工作试件制作，PA 位置焊接，焊后背面极易出现夹沟过深现象，造成根部未熔透；PC、PF 焊接位置更便于操作和保证背面成型质量。为检验一线操作者是否具备此位置的焊接能力，请在岗操作此位置焊缝的 3 名员工，进行 PC、PF 焊接位置打底焊验证和工作试件，均一次性合格，且一致认为 PC、PF 焊接位置相对于 PA 位置更易操作，且能够有效地保证焊接质量。

4.优化焊接顺序

优化工件焊接位置及焊接顺序要求：将扣合后的侧梁如图 7 所示平放在焊接转胎上，按图 7 所示对各焊接位置的焊缝进行分段对称焊接。

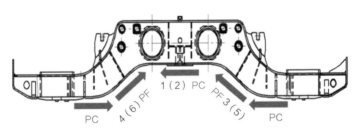

图 7　优化焊接顺序

三、实施效果

通过对组装间隙、定位焊、焊接位置和操作手法的优化，焊后焊缝熔透质量达标，有效地保证了产品质量，提升了生

MAG 焊接技能小窍门

产效率。攻关后背面成型状态如图 8 所示，全熔透焊缝宏观
金相示意图如图 9 所示。

图 8　攻关后背面成型状态　　图 9　全熔透焊缝宏观金相示意图

　　此焊接方法优先考虑了焊缝的焊接质量和降低操作难度
等问题，使员工操作时更加容易掌握。此方法有效地解决了
角接单边 V 形坡口焊缝全熔透焊接难题，并得到了有效推广，
为后期同类焊缝结构的焊接质量提升提供了借鉴依据。

扫码观看视频讲解

（中车青岛四方机车车辆股份有限公司：
赵克磊，王宝昌，孙正夏）

上篇　半机械化 MAG 技能小窍门

10 大直径管斜45°气保焊焊接技巧

一、问题描述

大直径管斜45°位置的管对接焊，管壁厚为 10 mm，管直径为 133 mm，因为位置的特殊性，如图 1 所示，焊接时的熔池和铁水难以控制，出现铁水下淌或盖面层的咬边等焊接缺陷，外观尺寸和内部质量都很难达到评定的标准要求。

Q235 钢管，其最小屈服强度在 235 MPa 左右，焊接性好，选用 CO_2 气体保护焊，根据等强度原则，焊丝选用 ER50—6 焊丝，为保证操作焊缝的美观和焊接质量，保护气体选用

图 1　大直径管斜 45° 管对接焊试件

$Ar+CO_2$ 的混合气体，飞溅小，焊缝成型美观。Q235 钢的化学
成分和机械性能如表 1 所示。

表 1　Q235 钢的化学成分及机械性能

钢号	化学成分（%）					机械性能（MPa）		
	C	Si	Mn	S	P	σ_a	σ_b	δ_s
Q235	0.14~0.22	≤0.30	0.25~0.58	≤0.05	≤0.05	235	375~460	25%

二、解决措施

1. 组对与定位要点

组装时保证 2 个管子中心线一致，不得错边并预留出合

适的间隙（安装要求如表 2 所示），采用两点定位（2 点与 10 点位置，试件与定位位置如图 2 所示），并采用横焊位置焊接定位焊，定位焊长度为 18~20 mm，要求焊透保证无缺陷，并将定位焊两端修磨成斜坡。

表 2　安装要求

坡口角度	钝边（mm）	装配间隙（mm）		反变形
30°	0.5~1	始焊端 1.5	终焊端 2.0	2°~3°

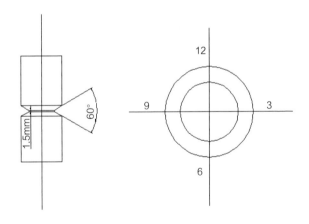

图 2　试件与定位位置

2. 焊接工艺参数

（1）焊接工艺参数。

焊接工艺参数如表 3 所示。

表3　焊接工艺参数表

焊接层数	焊丝直径（mm）	干丝长度（mm）	电流（A）	电压（V）	气流（L/min）	焊接方法
打底层	1.2	10~12	85~90	17.0~17.5	12~15	连弧
填充层	1.2	10~12	110~120	18.5~19.5	12~15	断弧
盖面层	1.2	10~12	100~110	18.0~18.5	12~15	断弧

（2）焊接顺序。

管子分两部分对称焊接，焊接层数为3层。按6点→3点→12点逆时针方向焊接，再按6点→9点→12点顺时针方向焊接，如图3所示。

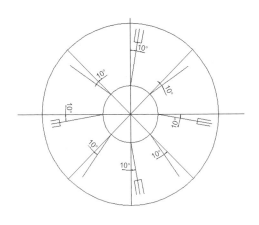

图3　焊枪角度示意图

3. 焊接技巧

（1）打底焊。

为了保证背面焊缝成型尺寸，控制熔孔的大小是关键。斜 45° 固定位置的管子，随着焊接位置的变化，要求在焊接时不断改变焊枪的角度和焊枪的摆动幅度来控制熔孔的尺寸。操作时，焊工的左手或胳膊要有依靠，以保持焊枪的角度和身体的稳定。将焊件在距地面 600~700mm 的高度固定，间隙小的一侧放在仰焊位置上。分两部分对称焊接，先从仰焊 5 点 30 分的时钟位置坡口根部引弧，稳弧后移向坡口的另一端并稍加停顿，打开熔孔后电弧做小幅度的横向摆动，在前方出现熔孔后即可进入正常焊接。操作过程中，在仰焊位置焊枪做小锯齿形摆动，摆动频率和焊接速度要快，熔孔直径比立焊位置时小，以熔化坡口钝边 0.5 mm 为宜。避免局部高温熔滴下坠而造成背面凹陷，在转变焊枪角度时应一只手变动，另一只手作为支撑点，转变时动作要连贯，上爬坡（立焊）时，焊丝要向两边坡口上拉，让熔池中间冷却，以防止背面超高，焊接速度要快，两边停顿，把熔池拉开，以防止两边出现夹槽。打底焊后效果如图 4 所示。

图 4　管子打底焊

（2）填充焊。

管子填充焊时也要分开进行。一般采用断弧焊运条，运条到坡口两侧要稍作停顿，以保证焊道和母材的良好熔合，且不咬边。填充层的焊接高度要低于管子外壁表面 2 mm 左右，便于盖面层的焊接。填充焊后效果如图 5 所示。

图 5　管子填充焊

（3）盖面焊。

盖面焊分两部分焊接，从 6 点起弧到 12 点结束。焊接在

6点半处的坡口一侧引弧，待电弧稳定燃烧后，向坡口的另一侧拉去停顿，待熔池填满后应回摆，回摆速度要快，始终观察熔池的下边缘以及坡口的两边。由于焊接位置的不断变化，要随时调整身体的位置保证焊枪的角度。焊丝始终都在熔池的前端摆动，速度均匀，熔池间的重叠一致，保证焊缝成型美观，施焊至顶部12点位置时要继续向前施焊5~10mm，然后收弧，把收弧和引弧处修磨成斜坡以便接头和收尾；接着施焊后半圈，施焊时焊丝应在斜坡前10 mm处的一侧引弧，电弧稳定后拉向斜坡处看清熔池的下边缘，使之接头处良好熔合，进入正常的焊接。盖面焊缝外观如图6所示。

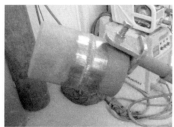

图6　盖面焊缝外观

三、实施效果

通过对大直径管斜 45° 管对接试件的焊接性进行分析，

根据 CO_2 气体保护焊接方法的特点制定相应的工艺措施，总结焊接操作技巧，试件焊后成型美观，经过检测后焊缝内部质量达到了评定的标准，对后期焊接人员技能培训具有一定的指导意义。

扫码观看视频讲解

（中车南京浦镇车辆有限公司：孙景南，吴斌，何俊，韩路遥）

带垫板 V 形坡口 对接焊缝返修技巧

一、问题描述

机车构架是机车行走部件，长期承受交变疲劳载荷，焊缝质量直接影响机车的运行安全。而构架是由钢板组焊而成，结构中大量采用带垫板 V 形坡口对接焊缝。焊接时，由于工件摆放位置不佳，操作位置不合适，观察视线受阻，焊接时的焊枪角度受限，焊缝装配间隙和钝边厚度不一致，焊接参数匹配得不合适，容易出现根部未熔合、未焊透等缺陷。见图 1 所示。

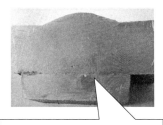

由于垫板贴合不严，操作位置不佳造成的根部未焊透

由于焊接参数不匹配，导致电弧不稳定，操作时焊枪角度不佳造成未熔合

图1　缺陷示意图

这时就需要对焊缝进行返修，在刨修过程中经常存在以下问题。

（1）坡口角度（增大或减小）。

（2）垫板厚度不均匀。

（3）容易出现垫板刨穿等，都加大了返修的难度，如图2所示。

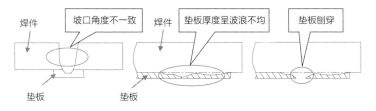

焊件

坡口角度不一致

垫板

焊件

垫板厚度呈波浪不均

垫板

垫板刨穿

图2　刨修缺陷示意图

二、解决措施

按照无损检验人员检测的缺陷位置，缺陷往往存在于打底焊道的根部，可采用碳弧气刨的方法解决焊缝缺陷问题。

1."刨、修、磨"三步法

（1）"刨"是指在返修焊缝位置，大规范、大厚度、快速刨削到接近打底焊道根部，碳棒尽量保持单道直线运条，"先两边、后中间，两侧边缘一直线"。可以适当选用较粗直径碳棒（如 8~12mm），电流调节按照《碳弧气刨通用工艺守则》规定范围，否则，如果电流超出范围会导致碳棒烧损严重，电流太小又容易夹碳。碳棒工作角度与工件平面控制在80°~85° 左右，通过加大碳棒角度增加刨槽的深度，速度控制在 0.5~0.8m/min，碳棒夹持长度一般在 80~100mm，当碳棒夹持量消耗至 20~30mm 长度时就要调整碳棒长度，及时观察刨槽情况，也能避免刨枪烧损。刨槽的深度通过检测尺来进行卡控（如 12mm 板控制在 8~10mm 范围就停止"刨"的过程）。见图 3 所示。

（2）"修"是指当临近缺陷附近时，要改变其刨削量，同时修整刨削焊道呈平整状态，减少后期的打磨量。这时碳棒

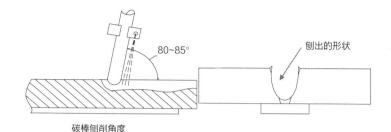

80~85°

刨出的形状

碳棒刨削角度

图 3 "刨"示意图

直径换为 5mm 为宜，碳棒端头的形状要尽量保持为"尖状"，便于刨削出平整的刨削面。而这时的操作就要做到"先中间、后两边，深浅一致保平整"的原则。碳棒的倾角控制在 40°左右，以便于减小吹出熔渣的厚度。碳棒倾角越小、速度越快，刨削的厚度越薄。通过检测尺再次确认刨槽的深度，当达到母材的上限时停止深度方向的刨削，尽量刨削根部两边，时刻观察刨削区域，如果是未熔合缺陷，刨削到缺陷位置时会发现一条黑线，黑线的出现表明了缺陷就在这范围之内，停止"修"的过程。见图 4 所示。

（3）"磨"是指通过角磨机装上 3mm 厚度砂轮片打磨清根，进行最后的缺陷清除，打磨时，注意观察焊道黑线位置，打磨的方向就要沿着黑线的位置向纵向和横向延展，焊缝根部打磨宽度略大于返修前根部焊缝的宽度 1~2mm，保证缺陷

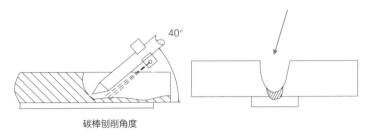

碳棒刨削角度

图4 "修"示意图

的彻底清除，避免过度打磨而导致垫板打磨太薄，增加返修难度。见图5所示。

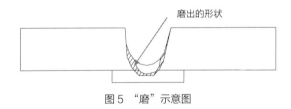

磨出的形状

图5 "磨"示意图

2.焊接操作

（1）焊接打底层。刨修完成后垫板的厚度变化不大，按原工艺文件调整焊接参数，电压可略高于原参数。这样在保证熔合的同时又可以形成较为平整的根层焊道。重新刨削后的间隙远远超出原始焊缝间隙，垫板薄厚也不均匀时，如果采用连弧单道焊接，由于垫板变薄，电弧的高温会降低熔池的表面张力，垫板承受不住高温，会引起熔池金属下坠，造成背面焊瘤甚至直接烧穿，把单道焊接改为分 2 道焊接。先焊一侧焊缝，焊接时注意焊枪角度由原来的与母材呈 90° 夹角调整为呈 60° ~70° 夹角，采用直线运枪方式，也可前后稍加摆动，这样操作既可以控制焊道热输入，避免垫板过热造成垫板焊穿，又能保证垫板和母材的熔合，同时也不容易焊漏。焊接完成后用角磨机清理飞溅物和焊渣，焊道温度降低到 100℃左右时，再进行另一侧焊缝的焊接，焊接时将焊枪调整到与对向焊缝呈 60° ~70° 夹角，打底完成后，整体进行清理打磨，避免死角处在填充时造成未熔合。见图 6 所示。

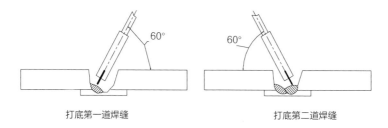

打底第一道焊缝　　　　　　　打底第二道焊缝

图 6　打底焊缝

（2）刨修完成后垫板的厚度变薄时，采用左向焊断弧焊接。断弧焊的基本原理就在于当焊接中熔池温度过高时利用断弧方式使熔池短暂地冷却，然后再继续焊接，从而将熔池温度控制在较为合适的范围内。焊接时每个焊点都必须压在上个焊点的 1/3 处，燃弧频率每分钟 60~70 次，焊枪倾角保持在 55°~75°，使熔池达到小而薄。

3. 填充层

第 1 道填充层焊接前，将打底层焊缝表面的污物和飞溅清理干净，接头凸起的地方打磨掉，运用正月牙的焊接方法进行焊接，保证坡口面与打底层的良好熔合，由于打底层比较薄，速度和摆幅太小容易造成焊漏和焊道中间下坠现象，所以增加摆幅和速度避免了这一现象的发生，快焊速、薄填充、高摆频，保证焊缝内部质量。接着进行剩下填充层的焊接，注意每一层焊道的清理和控制层间温度，一直填充至最后离板平面留有 1~2mm 的状态，必须注意不能熔化坡口的棱边。

4. 盖面层

盖面层焊接前先将填充层焊缝表面及坡口边缘棱角处清理干净，调整好焊接工艺参数后进行焊接，盖面层焊接时所用的焊枪角度的横向摆动方法与填充层焊接时相同，焊接过程中要根据填充层的高度、宽度，调整好焊接速度，在坡口棱角处，电弧要适当地停留，但电弧不得深入坡口边缘太多，尽可能地保证摆动幅度均匀平稳，不产生两侧的咬边或者余高过大等焊接缺陷。盖面层焊接完成后，应将焊缝表面的金属飞溅物清理干净，达到无损检测状态。

三、实施效果

通过快速刨削焊缝，提高了返修焊缝的效率，保证焊缝缺陷的一次性消除，利用焊接操作，保证了返修焊缝焊接的一次合格率，解决了制约生产的瓶颈工序，节约了成本，提升了工作效率，这为机车构架批量生产以及精益示范线建设奠定了坚实的基础。同时为其他车型类似结构的焊接接头形式返修，积累了宝贵经验。

扫码观看视频讲解

（中车大同电力机车有限公司：李胜）

12 | 方形部件 HV 形焊缝满焊操作方法

一、问题描述

在轨道交通焊接构架制造中，方形 HV 形坡口对接周圈焊缝在焊缝形式中较为普遍。以动车组重要部件"垂向减震器座"座板与安装座处焊缝为例，如图 1 所示，此焊缝结构为 HV 小坡口方形周圈焊，有焊缝短、接头多等特点，该焊缝质量问题主要为工艺倒角处未焊透、接头及层间未熔合等缺陷，如图 2—图 4 所示。

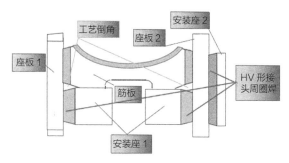

图1　垂向减震器焊缝结构示意图

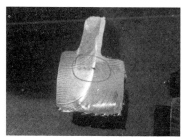

图2　工艺倒角处未焊透

图3　转角接头未熔合

图4　层间未熔合

焊接难点如下：对安装座（方形）进行周圈焊接时，需翻转工件，如图5所示，操作繁杂；该焊缝采用PA、PB位置焊接，导致安装座1每层产生6个焊接接头，如图6所示，安装座2每层产生4个焊接接头，安装座焊道布置为3层3道，完整焊接作业共计产生48个接头，如表1所示，提高了作业难度。

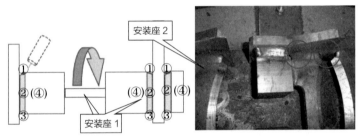

图5　PA、PB位置焊接顺时针翻转焊接　　图6　转角接头图示

（注：①、②、③、④表示焊缝）

表1　垂向减震器接头数量统计

工件名称	数量	焊道布置	单层焊缝条数	单层接头数量	接头总数
安装座1	2件	3层3道	5条焊缝（筋板隔开）	6个	$2 \times 3 \times 6 = 36$个
安装座2	1件	3层3道	4条	4个	$1 \times 3 \times 4 = 12$个

工件名称	数量	焊道布置	单层焊缝条数	单层接头数量	接头总数
					合计：48 个

　　焊缝的起弧、收弧缺陷需进行打磨清理，打磨作业时间占整个作业时间的 50% 以上，大量的接头衔接使接头未熔合缺陷数量增加，MT 探伤合格率在 92% 左右，因垂向减震器座在构架加工后进行 MT 探伤，缺陷焊修作业受作业空间及零部件加工后尺寸限制，增加了操作难度。

　　HV 形接头焊接时，为保证 HV 形接头两侧母材熔深，焊枪摆动角度需覆盖坡口两侧，并且电弧在非坡口侧停留时间需大于坡口侧，如图 7 所示。随着焊接层数的增加焊道宽度也增加，焊枪摆动幅度加大，增加了运枪难度，极易导致层间未熔合现象，同时 PA 位置第 2 层需填满坡口，如图 8 所示，焊道过宽、熔池过大更容易引起该现象产生。在非坡口侧停留时间过短或焊枪摆动角度不正确是导致非坡口侧未熔合的主要原因。

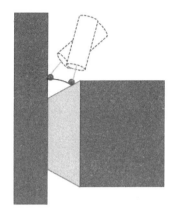

图 7　焊枪角度示意图

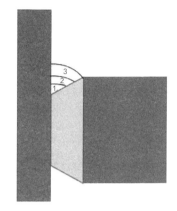

图 8　焊道布置示意图

二、解决措施

采用一种 MAG 周圈焊接方法，通过焊接前预处理方法，保证筋板工艺倒角处焊缝的连续性；利用自制便携式旋转工装，保证焊接操作的简易性，实现方形件周圈旋转焊接一次成型；针对 HV 形接头不同坡口形式，将第 2 层焊缝分道，减小熔池及摆动幅度，分别调整焊枪角度，保证坡口两侧熔深，避免未熔合现象发生。

焊前预处理方式如下。

（1）在筋板和安装座 1 连接部位进行段焊焊接，焊后使用电动角磨机将起弧、收弧处打磨成斜坡口状，如图 9 所示。

（2）组装筋板，保证筋板工艺倒角处焊缝的连续性，如图10所示。

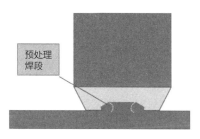

图9　预处理焊段

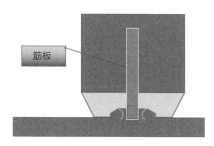

图10　组装筋板

优化焊道布置：

（1）将3层3道焊（如图8所示）改为3层4道焊（如图11所示），第二层改为2道堆焊，其底层焊（焊道2）PB位置电弧热量偏向座板，非坡口侧熔深得以保证。

（2）顶层焊（焊道3）调整为PC位置，由于有底层焊的衬托，坡口侧电弧停留时间、焊接参数适当加大（在原参数基础上加大 20%），坡口侧熔深得以保证。

（3）焊缝分道后，第二层焊缝调整为两道焊，新焊道宽度变窄，熔池变小便于控制，降低了操作难度，保证了 HV 形接头坡口两侧熔深，避免未熔合缺陷的产生。

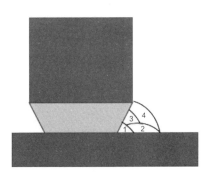

图 11　3 层 4 道布置示意图

自制旋转工装：

（1）将工件竖立夹持在自制工装上，如图 12 所示，将原处于 PA、PB 位置的焊缝变为 PC 位置，通过旋转工装可使工件完成旋转，该工装还能起到刚性固定的作用。

（2）在焊接作业中，左手逆时针旋转工装，右手固定位置持焊枪焊接，焊接方向与转胎旋转方向相反，旋转工装一周便可完成单层焊一周，如图 13 所示，实现方形件旋转焊接一次成型，接头降为 20 个，如表 2 所示。

图 12　工件夹持示意图

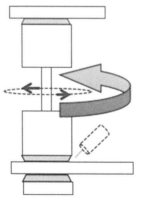

图 13　旋转焊接示意图

表2　改进后的接头数量统计

工件名称	数量	焊道布置	单层焊缝条数	单层接头数量	接头总数
安装座1	2件	3层4道	1条	2个	2×4×2=16个
安装座2	1件	3层4道	1条	1个	1×4×1=4个
					合计：20个

操作步骤：

①先在筋板和安装座1连接部位焊接30mm左右焊段，焊后将起弧、收弧处打磨成斜坡状，再进行筋板组装。

②将工件竖立放在旋转工装上（坡口在上侧），将焊枪伸入坡口根部，在预处理焊段左侧起弧，旋转工装的同时保持焊枪角度不变，直至旋转至预处理焊段右侧停弧，完成焊道1作业。

③将工件旋转至原位，采用PB位焊接，呈斜圆形运条，电弧热量偏向座板，其余同步骤②操作一致，完成焊道2作业。

④将工件旋转至原位，采用PC位焊接，呈"之"字形运条，电弧热量偏向安装座坡口侧，其余同步骤②操作一致，完成焊道3作业。

⑤将工件旋转至原位并将焊道 2、3 的起弧、收弧打磨去除。

⑥采用船形焊接，呈"之"字形或月牙形运条，其余同步骤②操作一致，电弧热在两侧均匀分配，完成焊道 4 作业。

⑦将工件旋转至原位并将焊道 4 的起弧、收弧打磨去除。

⑧进行筋板三面焊接，采用 PB 位角焊，完成对焊道 4 起弧、收弧埋焊。

三、实施效果

在筋板工艺倒角处进行焊段预处理，改善接头衔接难度，保证了周圈焊的连续性，避免了未焊透缺陷的产生；将接头全部留在与筋板焊缝衔接处，焊后便于起弧、收弧打磨清除，筋板焊接时可对周圈焊首尾进行埋焊处理，改善外观焊缝整体效果；将工件置于工装上旋转，焊枪角度保持不变，降低了焊枪操作难度，接头数量降为 20 个，作业时间缩减 50%，如表 3 所示；填充焊分道焊接，分别进行焊枪角度调整，保证了 HV 接头坡口两侧熔深，避免了未熔合缺陷的产生，MT 探伤合格率提升至 99% 以上。

该方法操作方法简单，通用性较强，已成功应用在动车组、城际车垂向减震器座、中心销下盖板、空气弹簧支撑梁封板、侧梁内筋等处焊缝，并且分道焊接方法已在 HV 形坡口焊缝形式的焊接中广泛应用，为同类结构焊缝焊接提供了有力的借鉴。

表3 改进前后效果对比

项目名称	改进前	改进后
接头数量	48 个	20 个
作业时间	2h	1h
探伤合格率	≤ 92%	≥ 99%
推广应用	小件周圈焊手动翻转，无辅助工装	可推广至方形及其他回转体小件周圈焊结构

扫码观看视频讲解

（中车青岛四方机车车辆股份有限公司：孙正夏，王宝昌，刘浩宇）

13 封闭内腔焊缝排气处理技巧

一、问题描述

齿轮箱吊座作为标准动车组转向架支撑部分动力系统的重要部件之一，焊缝质量对转向架整体质量影响甚大。在生产作业过程中发现：在部分中小件 T 形接头中，当工件板厚较大而板两侧焊缝未能全部将板厚方向熔透时，会在工件内部板两侧焊缝及焊缝连接的板与板之间形成一个小型"气室"，当工件在焊接或退火过程中受热时，"气室"中气体膨胀，在焊缝处于热塑性状态时，气体逐渐向强度相对较低的焊缝区域扩散、挤压，形成贯穿性气孔，如图1、图2所示。

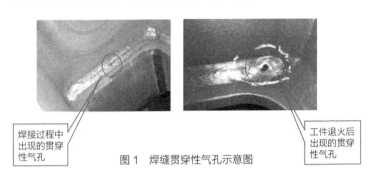

焊接过程中
出现的贯穿
性气孔

工件退火后
出现的贯穿
性气孔

图1 焊缝贯穿性气孔示意图

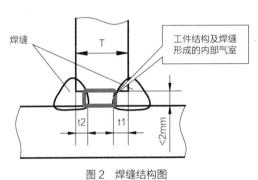

焊缝

工件结构及焊缝
形成的内部气室

图2 焊缝结构图

1.存在的问题

（1）空间狭小，焊修难度大，需要人工进行补焊修复，难度大，消耗材料多，且需要探伤进行检验，造成过多的经济损失。

（2）补焊会造成局部不均匀受热，造成一定程度的焊接变形，影响尺寸精度，同时增加残余应力，影响工件的使用寿命。

（3）制定解决措施过程中，对于排气孔位置、数量的选择为一难点，比如：设置在倒角处时可达性较差，难以保证焊缝在倒角位置的熔合质量，易残留焊接缺陷；排气孔数量过少时难以起到排气作用，数量过多时需要处理更多的接头，易残留起收弧缺陷同时影响工作效率。见图3所示。

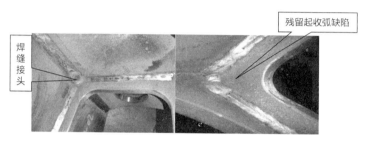

图3　焊缝接头示意图

2.改进方向

为解决上述这种典型的封闭内腔焊缝排气问题，我们提出人为预留排气孔的解决思路，通过调整焊接顺序人为地为气体从焊缝中逃逸提供通道，以有效解决封闭结构易出现贯穿性大气孔的问题。该窍门的阐述，旨在为解决T形接头封闭焊缝出现"贯穿性气孔"问题提供可借鉴的经验，推广后帮助其他同行解决类似问题。

二、解决措施

（1）在焊接焊缝之前，须先对加强板周边的 4 个倒角处进行两侧埋焊封堵，如图 4 所示，封堵范围须覆盖过倒角边缘约 1~2mm；焊接参数：电流 240~280A，电压 25~30V，气体流量 18~22L/min；焊接位置调整至横焊（PC）位置。

图 4　焊缝封堵示意图

（2）封堵完成后，须用铰刀、风铲等工具对埋焊处的表面熔渣、缺陷及焊豆进行打磨清理，局部磨伤母材深度不能超过 0.5mm。

（3）焊缝的焊接作业按照 WPS：2~7（焊缝编号）进行（两层两道）；在每条焊缝打底时，须在焊缝收弧处预留约5~15mm 不焊接，如图 5 所示。

此处预留在该视角的背面

图 5　预留位置示意图

（4）打底焊接完成后，利用铰刀、风铲等工具对焊缝表面熔渣、缺陷及焊豆进行层间打磨清理，并对收弧处打磨处理。按照 WPS：2~7 进行盖面焊缝焊接，在焊至打底预留处时，注意调整焊接速度和焊枪角度，确保焊缝熔合良好和焊角尺寸。

（5）运枪手法：在对工艺倒角填充过程中采用"三角形轨迹运枪法"，焊缝采取多层多道的方式，8mm 板材按照 2 层布置焊道，板厚每增加 3~4mm 时相应增加 1 层焊道，焊接位

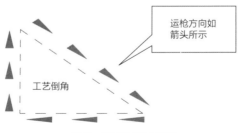

运枪方向如箭头所示

工艺倒角

图 6　运枪轨迹示意图

置为 PC，运枪轨迹如图 6 所示。

三、实施效果

（1）大大降低了作业难度，降低了对作业员工技能水平的要求，使得在相同的高质量要求下更多的员工能够胜任该项工作，便于焊接生产任务的开展。

（2）推广性强。该方法针对上述的类似结构提出，不受限于产品种类，已推广到纵向梁组成等产品的生产中。

（3）效果显著。以标准动车组齿轮箱吊座为例：内腔焊缝返修率由原来的 60% 降至现在的 0%，如图 7 所示。

图 7　焊后及退火后示意图

（4）工作效率高。以标准动车组齿轮箱吊座为例：由原来的每台车 2 人作业，减少为现在每台车 1 人作业，工作效率提高 100%。

T形接头在工件结构中应用广泛，类似齿轮箱吊座及纵向梁组成中产生"贯穿性气孔"缺陷的T形接头也不在少数，只是因为工件间贴合情况、焊缝布置位置、气体溢出情况、焊后热处理情况等因素的影响，并未显现出来，但不能代表类似的问题不会出现。本窍门的提出，旨在为大家从根源处规避"贯穿性气孔"缺陷提供一种解决思路，防患于未然。

　　本窍门操作简单，简单实用，可推广至类似的结构而不受限于产品的种类，提出背景更是基于对日常操作的不断雕琢以及对工作经验的充分思考，希望引起各位同事对作业细节的重视。例如在解决问题过程中，对于工艺倒角的封堵，本窍门还提出了三角形运枪手法、多层多道填充，保证了倒角处良好的焊接质量。

扫码观看视频讲解

（中车青岛四方机车车辆股份有限公司：冷传彬，王宝昌，孙正夏）

14 高强钢 HV 对接焊缝焊接操作方法

一、问题描述

某车型采用轻量化设计，底架及其部件主要采用的是 Q460E 高强钢材质，在满足整体强度的同时，因为车体结构设计需减轻重量，所以使得结构设计的安全系数较低。这就需要每条焊缝焊后都能达到设计的强度要求，特别是底架及其部件的关键承载焊缝，这些焊缝的焊接质量直接关系到机车的行车安全和车体使用寿命。其中部分 6HV 对接焊缝是关键的承载焊缝，该焊缝进行 X 射线探伤时发现内部有未熔合焊缝缺陷，达不到焊接质量要求，如图1—图3所示，需要现场返工。装配后形成腔体返工易出现间隙过大现象，焊接时间隙过大焊缝反面易出现焊瘤等焊缝缺陷，由于在反面无法处理，焊缝质量很难保证，多次返工产品存在报废风险，并且焊缝返工、复探的时间周期长无法满足生产进度要求。

图1　拍片结果焊缝未熔合

图2　清理不合格焊缝

图3　焊缝未熔合缺陷

二、解决措施

1.分析 ……… 原因

理 …… 缝发现 Q460E 高强钢 6HV 对接焊缝出现

未 …… 合主要有以下原因：

…… 焊缝坡口形式设计不合理，焊接时焊枪角度不正确，

…… 形焊缝不加永久垫板给操作增加了很大的难度，焊枪角

…… 不合理，电弧在未开坡口侧不能很好熔合，易出现未熔合

…… 陷，如图 4、图 5 所示。

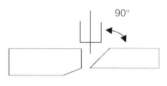

图 4   不合理的焊枪角度

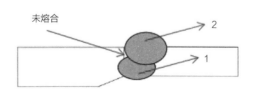

图 5   6HV 形坡口形式单面焊双面成型操作难度大

MAG 焊接技能小窍门

108

（2）焊接工艺不合理，前期采用的是先封底，装配后再清根盖面，焊缝两端未加引弧和收弧板。

（3）焊接人员不固定，焊接技能达不到该类关键焊缝的操作要求。

（4）因焊缝已经打磨平，对不合格焊缝返工时未找到正确的位置，采用砂轮打磨清根未清理到焊缝缺陷或者焊缝未熔合缺陷未清理干净，焊接后易造成二次返工。

2. 制定解决措施

（1）优化焊接工艺和焊接操作方法。

①装配前对坡口周边 20mm 内打磨呈现出金属光泽。

②装配保证 3~4mm 间隙。

③定位焊打磨出小于 30° 斜坡。

④在坡口两端安装引弧和收弧板，采用单面焊双面成型。

⑤打底焊缝采用月牙形运条方法，前进的电弧需压在后面熔池 2/3 位置避免穿丝和反面透得过多，运条到未开坡口一侧稍作停顿保证熔合，焊枪与坡口侧呈 60°~70° ，如图 6 所示，后倾角呈 70°~90° ，在引弧、收弧板上引弧和收弧，如图 7 所示，焊后将层间氧化皮、飞溅清理干净。

⑥盖面采用月牙形或锯齿形运条方法，运条时中间过

渡后在坡口两侧稍作停顿保证两侧熔合，焊枪与坡口侧角度呈70°~80°，后倾角呈70°~90°，在引弧、收弧板上引弧和收弧。

⑦对不合格焊缝返工前先找到正确的焊缝位置，用白色油漆笔标记，再先用碳弧气刨将缺陷清理干净，打磨呈金属光泽后焊接。

（2）固定焊接人员。

①焊接该位置人员需通过相应位置试件焊接测试合格后才能焊接产品，如图8所示。

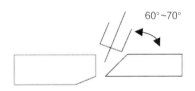

图6　正确的焊枪角度

图7　加引弧板和收弧板

图8　模拟试件 X 射线探伤合格底片

②固定技能水平相对稳定的人员焊接。

三、实施效果

Q460E 高强钢 6HV 形对接焊缝，通过以上焊接工艺优化和焊接操作方法改进，该类焊缝焊接后 X 射线探伤一次性合格率稳定在 98% 以上，减少了未熔合焊缝缺陷的返工，由前期 2 人每天组装、焊接、交检 1 件合格的部件，提升到目前的 3 件，保证了生产进度，为公司节约了制造成本。

扫码观看视频讲解

（中车株洲电力机车有限公司：许贤杰，吴合明，黄鸣）

15 构架端梁与侧梁合成焊接操作方法

一、问题描述

构架端梁与侧梁组合焊缝由角焊缝向环形焊缝过渡，存在三个接头位置，焊后需要包角处理，向燕尾角焊缝过渡位置坡度较大，复杂的焊缝结构，导致焊接过程中焊接手法和焊枪角度控制存在困难，极易造成焊缝成型不良和未熔合缺陷。焊缝为多层多道焊，接头较多，操作难度大，较易产生焊接缺陷。见图1、图2所示。

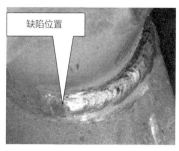

图1　焊缝探伤缺陷位置

图2　焊缝探伤缺陷位置

焊缝结构简介：

构架端梁与侧梁组合焊缝由端梁钢管与侧梁上、下盖板和侧梁立板组成，端梁沉入侧梁端部位置，如图3所示，焊缝形式由单边V形坡口环形焊缝、单边V形坡口角焊缝和燕尾角焊缝组合而成，焊缝结构复杂。

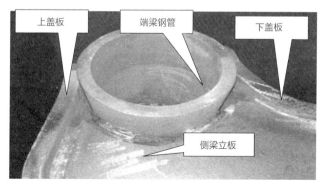

图3　构架端梁与侧梁焊缝示意图

存在问题：

构架端梁与侧梁组合焊缝由于焊缝结构比较复杂，焊缝焊后存在成型不良、未熔合、夹沟等问题，如图4、图5所示；燕尾角焊缝过渡位置存在成型较差、接头较多、夹沟较深等问题；端梁与侧梁环形焊缝起弧、收弧位置长度不够、未熔合，导致环形焊缝与燕尾角焊缝的过渡位置焊接状态较差，造成焊缝探伤缺陷增多；操作人员对焊缝层道分布理解存在差异，燕尾角焊缝封面后存在焊角小、厚度不够的现象，焊缝状态不理想或焊角小，不适于打磨，所以对焊缝进行补焊，导致盖面焊缝接头较多，焊缝成型较差，缺陷增多。

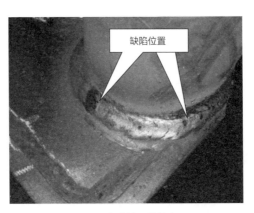

图4　改进前焊缝状态

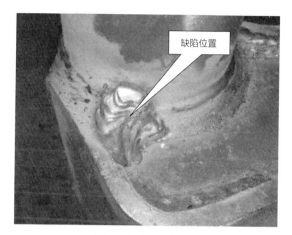

图5 改进前焊缝状态

二、解决措施

1. 焊缝一次成型法说明

构架端梁与侧梁焊缝焊接时，要求焊缝从侧梁立板与下盖板焊缝位置起弧、焊接到侧梁立板与上盖板焊缝位置收弧，焊接过程中不停弧，侧梁立板与下盖板、端梁、上盖板焊缝一次焊接成型，如图6、图7所示，焊接过程中运用月牙形焊接摆动手法，焊缝两侧短时间停顿，焊缝焊后成型良好。夹角位置尖锐，要求停顿时间稍长，保证夹角位置焊后焊缝厚度和熔合良好，焊缝焊后状态符合要求。

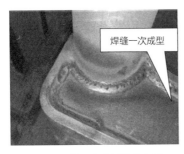
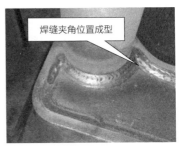

图6　焊缝一次成型法示意图　　　图7　焊缝夹角一次成型法示意图

2.焊接过程优化

端梁与侧梁焊缝盖面焊为四道，焊接第三道与第四道焊缝时，要求从夹角位置起弧，到另一面夹角收弧，焊接第三道焊缝时注意焊缝宽度要适中，便于第四道焊缝的焊接，焊缝起弧与收弧端位置多焊出10mm，方便与燕尾角焊缝连接，焊后打磨清理干净，如图8所示，保证燕尾角焊缝与盖面焊缝连接位置熔合良好。燕尾角焊缝盖面焊缝分为四道，焊接时，注意焊缝的起弧位置，第一道焊缝焊到侧梁上下盖板的边缘位置，保证焊缝饱满，第二道焊缝压到第一道焊缝的一半，焊枪角度在40°左右，控制焊接速度，保证焊缝熔合良好；焊后对起弧位置打磨清理，对夹角位置进行焊接包角，注意焊缝宽度要到位，要求覆盖焊缝夹角，防止焊缝焊后欠焊，造成的熔合不良缺陷，如图9所示。

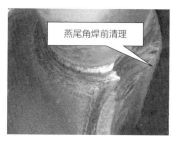

燕尾角焊前清理

燕尾角成型

图8　燕尾角焊前清理位置示意图　　　图9　燕尾角焊后成型位置示意图

三、实施效果

通过焊接过程的优化，构架端梁与侧梁焊缝的焊接质量有明显提高。端梁与侧梁立板，侧梁上、下盖板焊缝一次焊接成型，如图10所示，消除了焊缝焊接接头，提高了焊缝整体外观状态，探伤缺陷大幅度降低，在保证焊接质量的同时还有效地提升了生产效率。

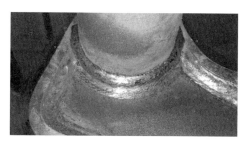

图10　焊缝焊后效果

通过对构架端梁与侧梁组合焊缝焊接过程的优化，平均每台车焊修时间可节约 8h，生产效率提升 86.6%。此焊接过程简单易操作、操作过程易控制，降低了焊接操作难度，减少了焊接缺陷的产生，为类似焊缝焊接积累了宝贵经验。

扫码观看视频讲解

（中车青岛四方机车车辆股份有限公司：王兆东，崔传学，商浩）

焊接位置变化连续焊接操作方法

一、问题描述

货车中梁（H 型钢）对接接长尖角处采用富氩气体保护焊接方法。焊接后，焊接质量较差尤其是超声波探伤通过率很低，基本上在 50% 左右。经过超声波探伤确定，主要缺陷是在平、立两种焊接空间位置变化尖角处有层间未熔合、尖角未熔合、尖角边缘未熔合、夹渣以及气孔等。一旦出现焊接缺陷，返工量较大，返工处理非常困难。正常的角磨机磨不到尖角处，只能使用电动铣刀。由于缺陷处在尖角坡口内第一层打底层和第二层填充层，正常情况下，磨出缺陷并修理出坡口需要 1~2h，也经常出现二次补焊，探伤不通过的情况。有时多次返工导致报废，既耽误生产进度，又增加了制造成本。另外，由于中梁属于长大结构件，每焊一层都需要天车配合翻转，将焊缝置于平位置施焊，翻转非常麻烦，给生产进度也造成了很大的影响。

对接接长尖角处焊接存在的问题如下：

H 型钢规格为 H630mm × 200mm × 13mm × 20mm，其尖角断面形状如图 1 所示。H 型钢尖角较厚，气体保护焊焊接过程中进行尖角焊接时，焊枪和坡口形成一条直线不易观察。焊丝的干伸长度一般为 10~25mm，而实际焊接时由于坡口形状复杂（型钢尖角实际厚度为 25~30mm，焊枪与焊接位置有

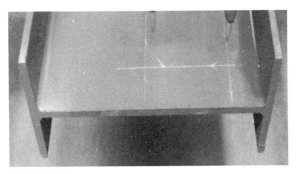

图 1　H 型钢尖角断面

10~25mm 的距离才能观察清楚），焊丝的实际干伸长度超出标准要求 25~30mm 左右，导致焊接电压增大，焊接电流减小，焊丝从导电嘴出来以后产生弯曲，严重影响焊工操作，对焊工的技能要求非常高。

在 H 型钢上下翼板坡口和腹板坡口尖角处（连接处）形成菱形孔，是影响焊接质量的关键。悬空垒焊尖角处菱形孔，增加了操作难度。菱形孔越大，操作难度越大，越容易出现未熔合和夹渣，如图 2 所示。焊接时，菱形孔位置又是平焊位置和立焊位置的交接处，即收弧和接头的位置。在菱形孔收弧时，由于采用平焊位置的焊接规范，焊接电流较大，导致收弧处热量加大，收弧操作难度增加，出现焊瘤、烧穿成型不良等现象，影响后续填充焊接和增加反面清渣的工作量。菱形孔接头时，需要先将接头修磨出 45° 缓坡，保证焊透。采用正常的角磨机磨不到尖角处，只能使用电动铣刀。由于缺陷处在尖角坡口内第一层打底层和第二层填充层，正常磨出缺陷，修理出坡口需要 2~4h，且尖角位置不易清理。接头时难度在于型钢尖角处较厚，热量分散较大（尖角位置的散热是平位置的 1.5 倍）。依照气保焊的特点，接头时电弧热量较小不足以将尖角熔化，稍微停留预热，就会导致熔滴飞溅堆附在坡口内，影响预热效果，产生未熔合和夹渣。

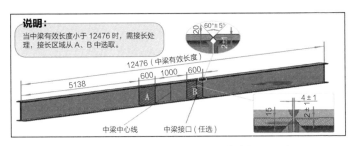

说明：
当中梁有效长度小于12476时，需接长处理，接长区域从A、B中选取。

12476（中梁有效长度）

5138   600 1000 600

A   B

中梁中心线   中梁接口（任选）

60°±5°

20

2±1

4±1

15

2±1

图2　中梁对接接长位置和菱形孔（单位：mm）

　　焊接接头的尖角或者拐弯处是受力的关键位置，为了保证焊接强度，一般不允许尖角或者拐弯处有焊接接头。但是焊接过程中，尖角处存在平、立两种空间位置的焊接，焊接电流、电压等参数，无法实现两种电流、电压使用，只能在尖角处停弧。由于接头处于两种焊接空间位置过渡的尖角处，需要两种不同的焊接电流、电压和焊接手法焊接，由于焊接时，不可能同时使用两种不同的焊接电流、电压，就必须有焊接接头存在。

二、解决措施

改进方向及解决方法：

采用富氩气体保护焊焊接。确认气体保护焊机有收弧预设功能并且功能良好（目前市场上大部分焊机都有此功能）。为了保证尖角处连续焊接，达到两种空间位置的焊接，采用1台具有收弧功能的气保焊机，利用焊机收弧功能，根据工艺规定的焊接规范参数预设焊接电流、焊接电压，可以有效地进行平、立位置焊接，避免了尖角接头，保证了焊接质量。以中梁H型钢对接接长为例，焊前根据中梁焊接工艺参数进行试焊，焊前确认焊接参数，是否在工艺范围内，是不是操作的最佳参数。具体操作过程为：采用1台具有收弧功能的气保焊机，利用焊机收弧功能进行第二位置（立焊位置）焊接，预设第二位置焊接参数，如表1所示。焊机收弧电流和收弧电压位置如图3画杠位置所示，具体显示如图4所示。

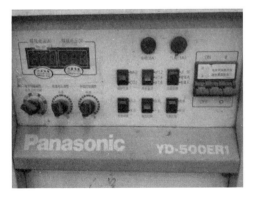

图3 气保焊机收弧功能

收弧功能具有电流、电压的预设功能。用正常焊接功能预设第一位置（平焊位置）焊接参数，如表1所示。焊接时焊接至尖角向上立焊位置时，扣动并按住焊枪的开关，在收弧状态下，进行预设立焊焊接规范的焊接。

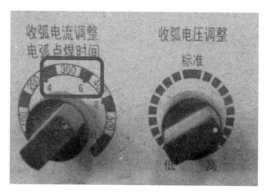

图4　收弧电流和收弧电压

实施过程：

首先将中梁置于正位，如图5所示。点固段焊缝不能在尖角处，并且需要有一定的长度，保证中梁焊缝具有一定的强度，防止出现变形和焊缝裂开，便于尖角焊接。

依据表1中的数据进行焊接工艺参数设置。

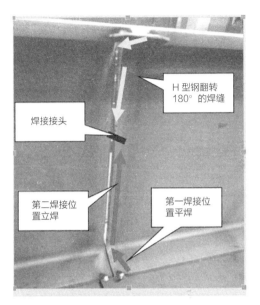

图 5　焊接位置和焊接顺序

表 1　焊接参数

层数	焊接电流（A）	焊接电压（V）	气体流量（L/min）	杆身长度（cm）	运条形状
打底层（平焊翼板）	140	18~20	25	40	小锯齿形
打底层（立焊腹板）	100	16~18	25	40	月牙形
填充层（平焊翼板）	200	21~23	25	35	月牙形

层数	焊接电流（A）	焊接电压（V）	气体流量（L/min）	杆身长度（cm）	运条形状
填充层（立焊腹板）	140	19~22	25	35	月牙形
盖面层（平焊翼板）	200	21~23	20	20	月牙形
盖面层（立焊腹板）	140	19~22	20	20	月牙形
封底层（平焊翼板）	220	22~25	20	20	直线形
封底层（立焊腹板）	100	16~18	20	20	月牙形

　　焊接顺序如图 5 所示。焊接时，点按焊枪开关，松开后开始第一位置焊接，从下翼板外端引弧板位置引弧，采用小锯齿形运条方法，在坡口根部 2mm 处摆动，进行平焊位置打底焊接，焊至尖角菱形孔处，点按焊枪进行第二位置焊接。焊接时，减慢焊接速度，控制好焊接熔池，将菱形孔填满。操作中注意坌焊的边缘稍停，把边缘熔合好，控制焊丝干伸长度，在保证看见熔池的情况下越短越好，控制好焊丝指向的准确度，防止焊偏，产生未熔合。在腹板中间位置时，焊接完成，将弧坑填满。松开焊枪开关，焊枪喷嘴在收弧位置

静止 0.5~1s，进行滞后的气体保护。至此完成平、立焊接。然后将腹板焊缝背面进行清根，再从背面一侧按上述焊接进行。焊接完成后，再将中梁 H 型钢翻转 180°，从另一侧按上述焊接过程规范进行焊接。焊接接头时，将焊缝打磨至 45° 缓坡，焊接时焊至缓坡开始收弧，松开焊枪开关，焊枪喷嘴在收弧位置静止 0.5~1s，进行滞后的气体保护。至此完成平立位置焊接。第二层、第三层焊接，过程同上。正常焊接功能预设第一位置（平焊位置），按表 1 预设第一位置焊接参数。收弧功能作为第二位置（立焊位置）焊接，按表 1 预设第二位置焊接参数。

三、实施效果

焊接完成后，进行外观检查，看焊接质量是否合格，夹角处有无接头。焊缝内部经过超声探伤，经过近百根的验证，合格率达到了 98% 以上。采用焊接两种空间位置变化连续焊接操作的技巧，保证了焊接电弧连续对大厚度尖角的预热作用，控制了焊接变形和防止产生尖角未熔合等缺陷。此方法操作简单，避免了焊缝尖角或者拐弯处的焊接接头，省去了尖角接头的修磨工序，焊接质量优良，探伤合格率明显提高，保证了焊缝强度，焊缝成型美观，生产效率提高了 2 倍以上。焊接位置变化的连续焊接技巧获得了国家发明专利，为今后其他任意两种位置焊接，提供了参考依据，并且对于焊接机器人在任意空间每一个位置配套焊接的研究具有一定的现实意义。

扫码观看视频讲解

（中车石家庄车辆有限公司：刘志彬）

模拟实物焊接培训法

一、问题描述

1. 焊接培训现状简介

焊工在焊接现场培训室培训时，各种焊接接头处于便于焊接操作的位置，旁边又没有障碍物的干涉，所以在焊接时得心应手，焊缝外观成型良好。但是，在实际产品焊接生产过程中，由于产品外形及部件的干扰，各种焊接接头的焊缝外观成型，就不是那么尽如人意，总会出现这样或那样的焊接缺陷。

2. 焊接培训存在的问题及改进方向

经过统计，能够通过该培训且胜任生产岗位的人员仅占培训人员的 20%，所以培训根本没有达到预期的效果，主要原因是培训时的焊接与实际产品完全不同，包括焊接姿势，焊枪的摆动方法，焊接时的视野等。

二、解决措施

1. 工艺措施

为了更好地使员工适应目前的生产，必须通过适宜的焊接练习，才能应用至实际产品，仅凭平时的工作试件达不到预期要求，经过思考，笔者制作了模拟实物焊接障碍物，该焊接障碍物由四块板材拼接而成，可从两个方向分别进行模拟，穿过两块板材之间的孔洞和沿着两块带孔的板材方向，可以起到模拟实物的作用。

2. 操作手法

焊工到焊接培训室练习，主要从焊接手法、姿势等方面接受相应的指导，使每个培训工作试件均达到了工艺要求，外形美观漂亮。但是接下来的生产却是截然不同，焊枪无法摆动，极其不顺手，视野极差，和工作试件练习时的情况完全不同。结果已经通过了工作试件的考试并且通过了加强培训的人在实际生产中均遇到了大大小小的问题，使得生产不能顺利进行，究其主要原因是工作试件练习只是简单的焊接练习，与实际工作及生产环境相差很大，针对这一点本人通过比对得出：练习与实际产品不符，如果想取得进展就必须通过产品练习来提高操作技能，而用实际产品练习过于浪费，那么能否通过某种搭配模拟现实中的生产呢？有了方向就有了目标，通过与实际产品的反复对比，笔者制作了模拟实物焊接障碍。穿过两个孔洞可以模拟现场电机吊座焊接、横梁各座的内腔焊接、沿着带孔板材方向可以模拟纵向梁、制动吊座，以及侧梁内腔焊接等。

三、实施效果

图1—图3分别是模拟实物培训法与实际情况的相互对比，可见模拟实物培训法与实际情况很接近，包括焊接姿势、焊接角度、焊接视野等。通过培训，焊工有了信心，工作起来也有了底气，更有了效率。

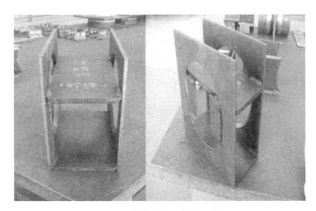

图 1 模拟实物焊接障碍图

1. 模拟电机吊座实物焊接

图 2 实物电机吊座焊接图

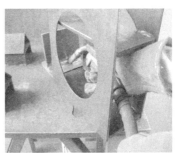

图 3 模拟电机吊座焊接图

2. 模拟侧梁内腔实物焊接

实物侧梁内腔焊接图如图 4 所示，模拟侧梁内腔焊接图如图 5 所示。

图4 实物侧梁内腔焊接图

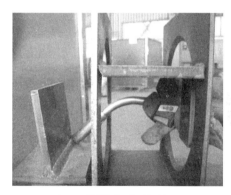

图5 模拟侧梁内腔焊接图

除此以外，通过模拟培训法还能模拟横梁平、立焊及纵向梁等多部位实物焊接。

通过模拟实物培训法的训练，焊工具备了焊接技能和实际操作的信心，与前期培训截然不同的是通过模拟培训的人员能够应付得了实际生产，而且能得到保质保量的产品；同时，使 CRH6 构架的小件和侧梁产品很快通过了首个部件的检查，达到了批量生产的要求。

与前期培训相比，通过模拟实物培训法的训练，使 90% 的受训人员能够胜任工作岗位。比前期培训的 20% 胜任高出很多。

为此笔者认为加入模拟实物焊接培训法，是以后焊接培训中的重点，无论是从人力还是财力上来评定，都能达到事半功倍的效果，值得在公司推广运用。

扫码观看视频讲解

（中车南京浦镇车辆有限公司：张仁水，龚晓莲）

18 深 V 形坡口根部熔透焊操作方法

一、问题描述

公司生产的某矿用自卸车载重 330t，长期在矿井、盘山道路工作，运行工况复杂，对产品质量要求高。该车主承载结构多为厚板，板厚集中在 25~45mm，焊接坡口角度为 50°。

1. 现场操作存在的问题

产品焊接接头如图 1 所示，由于焊件的厚度大、坡口深，焊枪喷嘴接触到焊缝两钢板时导电嘴端部到坡口根部距离较

上篇　半机械化 MAG 技能小窍门

大，也就是焊丝干伸长较长，焊丝熔化快，焊接电弧挺度小，降低了焊接电弧的穿透力，易造成焊缝根部未焊透。

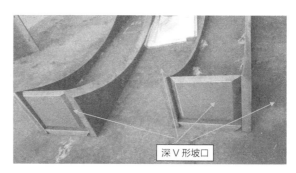

深 V 形坡口

图 1　厚板焊缝坡口示意图

2. 存在的问题分析

造成焊缝根部未焊透的原因主要是焊枪喷嘴与工件干涉导致焊丝干伸长过长，且由于工件焊接量大，实际生产中采用直径 1.6mm 的药芯焊丝，由于焊接电流大不能使用小规格喷嘴的焊枪。

二、解决措施

1. 使导电嘴伸出喷嘴

350A 焊枪装 500A 导电嘴，这样比原导电嘴增加 5mm 长度。同时将焊枪喷嘴加工得短一些，使导电嘴能够伸出喷嘴，有效缩短焊丝干伸长，使焊接电弧趋于稳定。见图 2 所示。

图 2　调整焊枪导电嘴与喷嘴长度

根据工件坡口角度和深度，制备不同长度的喷嘴与导电嘴相配合，弥补喷嘴直径造成的不足，使焊丝干伸长在 14~16mm 时，焊丝距焊缝根部距离 0~3mm，保证坡口根部焊透。改造前后焊枪对比如图 3 所示。

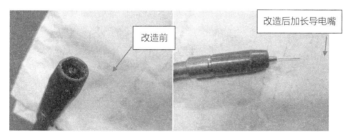

图 3　焊枪导电嘴改造前和改造后对比图

2. 喷嘴端头形状更改

（1）将喷嘴端头改为圆锥形。锥形端面缩小了端面圆的直径，使得导电嘴端头更贴近焊角根部，过小的喷嘴端面会影响保护效果。见图4所示。

（a）圆柱形喷嘴　　（b）圆锥形喷嘴　　　（c）焊接示意图

图4　不同端面喷嘴图

（2）喷嘴端头由圆柱形改为椭圆形。一般喷嘴形状为正圆筒形，在焊接打底焊缝时，把喷嘴圆柱形的端头用手锤敲成椭圆形，用窄的端面探入坡口的深处靠近焊角根部，这样焊丝的干伸长可以大大缩短。长的喷嘴端面又能保证保护气体的输出流量，使焊接熔池的保护效果不受影响。见图5所示。

图5　端面椭圆形喷嘴焊接示意图

（3）由于施焊焊缝皆为对接和内角焊缝，保护气体比较聚集，通过多种试验测定，保护效果都非常理想，不受改造的影响。必要时可适当增加保护气体的流量。

三、实施效果

通过上述方法的总结和提炼，将如图6所示喷嘴端头改为圆锥形和导电嘴伸出组合方法，应用于矿用自卸车厚板深V坡口的焊缝，焊缝合格率达100%。

图6　焊接过程示意和金相效果图

扫码观看视频讲解

（中车大同电力机车有限公司：李继欣，王亚平，李胜，李世旺，刘全忠）

19 | 双人双枪侧墙
补焊技巧

一、问题描述

1. 侧墙板截换焊接现状简介

原有的侧墙板截换的焊接，先焊内侧焊缝，由于旧板与新板拼接时会有间隙，通常采用断弧法或二次电流法焊接内侧焊缝，速度慢、焊缝成型差。内侧焊缝焊接完成后，再焊接外侧的焊缝。由于拼装间隙的影响，内侧焊后背面会残留大量的焊丝头或焊瘤，同时旧板腐蚀对焊接产生的影响，也会严重影响外侧焊缝的成型，如图1所示。

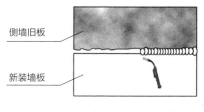
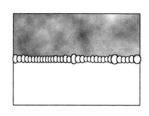

侧墙旧板

新装墙板

（a）先焊内侧焊缝　　　　　（b）后焊外侧焊缝

图1　原有焊接方式

2. 存在的问题及改进方向

如果用原有方式先焊内侧焊缝，由于侧墙板截换时，已腐蚀的旧板手工切割得不平整，造成新、旧板拼接间隙大小不一，操作者需要通过改变焊枪角度或摆动幅度来适应不断变换的间隙大小，当操作手法不当，再加上腐蚀旧板的影响，会将间隙处越焊越大，如图2所示，或者会消耗很长的时间

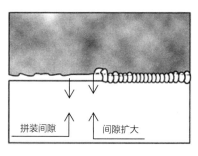

拼装间隙　　　　间隙扩大

图2　接口间隙扩大

进行焊接作业。受到接口间隙的影响，内侧焊缝完成后容易导致背面穿丝、焊瘤，如图3所示，既耽误工时又影响外侧焊缝的成型。为了能快速填充接口间隙，又达到同时双面成型的目的，并保证焊缝的全熔透，用双人双枪的协同焊接能够达到所需焊接要求。

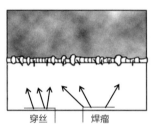

图3　形成穿丝或焊瘤

二、解决措施

工艺措施：

选用与车型匹配的直径1.2mm焊丝，焊接电流120A左右，电压24V左右，电流过小，不易焊透，容易产生焊接缺陷；电流过大，易产生铁水下淌，造成间隙增大等问题。两个操作者分站侧墙板两侧，从同一端、同方向，让电弧同步移动，电弧长度在2~3mm，共同形成的熔池融为一体，焊接手法采用小圆圈运枪法，目的是将两侧同时形成的熔池搅拌均匀，在快速填补焊缝间隙的同时，形成完全熔透的焊缝。

操作手法：

（1）腐蚀旧板与新板接口间隙 3mm 左右，在板材起点端和尾端点焊，中间点焊间距 300mm 左右，如图 4 所示。

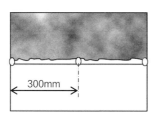

图 4　板材拼接点焊

（2）采用与母材匹配的焊丝，并选择合适的焊接电流。两人分站侧墙板内外两侧，由同一端同时开始起弧，如图 5 所示。

图 5　两侧焊枪同时行走

（3）从接口间隙可以观察到对方的电弧，两人采用小圆圈运枪，由于手工切割造成接口间隙的不均匀，组装精度低，可以适当增加圆圈运枪摆动的幅度。两侧同时形成的熔池相互熔合搅拌，根部实现全熔透，而且快速地填充了接口的间隙，如图6所示。

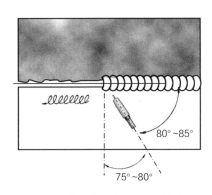

80°~85°

75°~80°

图6　焊枪运枪角度和圆圈运枪法

（4）停弧和再起弧两人要同步。当两人的电弧即将接近尾端，与尾端点焊熔合时立即同时熄弧。熄弧要果断，停留时间不能过长，防止温度过高造成焊穿。最终焊缝成型效果，如图7所示。

此焊接法在现场的运用：

两人分站侧墙内外侧，同时起弧、同方向移动，如图8

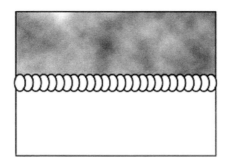

图 7　焊后两侧同时形成焊道

图 8　现场演示

所示，焊接结束，内外侧墙板对接焊缝同时形成焊道。虽然手工切割后导致旧板拼接间隙不均匀，但是在焊接过程中两人能够运用焊枪摆动的幅度来控制填充间隙，因此侧墙板截换焊缝用手工双枪焊接比自动焊接更有优势，焊缝成型美观，保证全熔透，能够有效控制焊接变形，如图9所示。

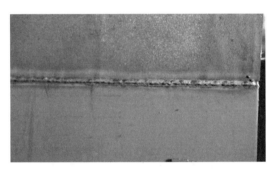

图9　现场双人双枪焊接效果

三、实施效果

双枪的焊接法通常应用于自动焊接，但是由于铁路货车修理的特殊性，手工切割造成拼装间隙的不均匀及腐蚀旧板对焊缝成型的影响，无法采用自动焊接实现双枪的焊接。采用手工双人双枪的焊接更适用于货车修理侧墙截换件的对接接口，焊后焊缝韧性、强度更高，细化焊缝晶粒，提高焊丝熔敷效率，提高焊接质量的同时可以提高焊接效率。

扫码观看视频讲解

（中车长江车辆有限公司：王晓梅，陶婷）

小口径管全位置 MAG 技巧

一、问题描述

小口径管全位置 MAG，是指采用熔化极气体保护焊电源焊接的小口径管水平固定对接接头，常在产品管道焊接、各类焊工比赛及高等级职业技能鉴定中出现。焊缝接头形式如图 1 所示，焊件材质为低碳钢，管直径 60mm，管壁厚度 6mm，开 V 形坡口，坡口面角度为 30°+2°。焊接电源采用额定电流不低于 350A 的熔化极气体保护焊机，焊丝采用牌号 ER50-6，直径 1.2mm 的实心焊丝。

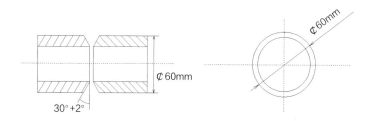

图1　焊缝示意图

存在的问题及改进方向如下。

难点之一，全位置接头包含了仰焊、立焊、平焊三个不同位置的焊缝，不同位置焊接，液态熔池受到的重力、表面张力的影响各不同，仰焊位易产生焊瘤缺陷，立焊位易产生咬边缺陷，平焊位易产生未焊满缺陷。需要通过焊接操作，控制液态熔池的温度和体积，避免上述焊接缺陷。

难点之二，由于管径小，焊接时电弧需随着管外壁变化不断移动，需要焊工手臂带着电弧灵活旋转，变化焊接角度。

难点之三，由于气体保护焊单层焊缝厚度通常达到4~5mm，该工件管壁厚度6mm，若采用1道焊接，则容易出现未焊满、咬边等缺陷。若采用2层2道焊接，则单层焊缝厚度需控制在3~3.5mm，操作难度大，容易出现余高超高、焊瘤等缺陷，且焊接效率低。经过比较试验，笔者总结出

"单道焊双面成型"焊接操作小窍门，焊接效果良好。

二、解决措施

1. 工艺措施

（1）焊前清理。

将管内、外壁坡口两侧 20mm 范围内的铁锈、油污和氧化物等杂质清理干净，直至露出金属光泽。

（2）装配及定位焊。

如图 2 所示，装配错边量 ≤ 0.5mm，1 点定位，位置在时钟 2 点钟或 10 点钟位置。定位焊长度为 5~10mm，需要保证定位焊后间隙 2.5mm。定位焊完成后将焊点两端预先打磨成斜坡，焊接质量要求焊透且不得有焊接缺陷。现以定位焊时钟

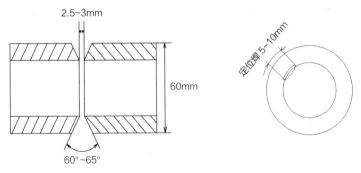

图 2　装配及定位焊示意图

10 点钟位置为例。

（3）焊接工艺参数。

保护气体采用 $80\%Ar+20\%CO_2$，保护气体流量为 (15 ± 3) L/min。焊接电流 140~160A，电弧电压 17~20V，为保证电弧稳定，熔合良好，可匹配稍大的电压。

（4）焊接角度。

如图 3 所示，为保证工件两侧受热均匀，熔化铁水均匀分布，形成对称的焊缝，焊接电弧与两侧管的夹角需要呈 90°。为使电弧推力有利于熔滴过渡到熔池中，并使焊丝干伸长度能保持在 10~15mm，操作时，电弧倾角跟随管圆周方向转动，电弧与小口径管的切线方向的焊枪倾角需要呈 70°~80°。

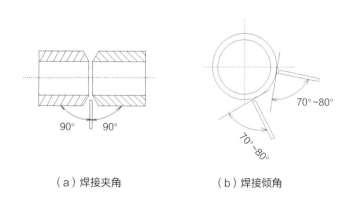

（a）焊接夹角　　　　　（b）焊接倾角

图 3　焊接角度示意图

2.操作手法

（1）焊接层道数。

经过比较试验，综合焊缝质量、焊接效率、操作难度，得出采用1层1道熄弧法焊接效果最佳。

（2）焊接顺序及方向。

如图4所示，先焊没有定位焊的一侧，现定位焊在时钟10点钟位置，则先焊焊缝1，再焊焊缝2。在待焊接的两个小口径管之间的时钟7点钟位置起弧，分别沿逆时针和顺时针方向施焊。

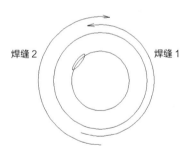

图4　焊接顺序及方向示意图

（3）操作技巧。

步骤1：在时钟7点钟位置起弧，熔化坡口根部至板厚2/3处，向时钟6点钟位置沿逆时针方向直拉5~10mm后熄弧，形成初始熔池。

步骤 2：单个熔池运条方法如图 5 所示，从初始熔池下端的弧坑中部起弧，沿逆时针方向向坡口根部画一个椭圆起弧（点 1）→熔化右侧坡口根部（点 2）→熔化左侧坡口根部（点 3）→熔化左侧坡口外侧 0.5~1mm，填满左侧坡口表面（点 4）→熔化右侧坡口外侧 0.5~1mm，填满右侧坡口表面（点 5）→最后在新形成的熔池中部熄弧（点 6），每个熔池沿管圆周方向焊接 3~5mm。

此步骤中，在点 2、点 3 位置可以形成直径为 3~3.5mm 的熔孔，燃弧的时间尽量短，以减小熔池的体积，避免形成焊穿、咬边等缺陷。起弧、熄弧的频率越高则焊缝波纹越细腻，实验中，起弧、熄弧的频率约为 30~40 次 /min。

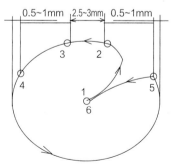

图 5　单个熔池运条方法示意图

步骤 3：形成的熔池呈暗红色后重新起弧，沿逆时针方向依次重复步骤 2 的动作，直至一个一个的熔池逐步向上叠加，直至时钟 11 点钟位置。其中，在 2~11 点钟位置时，要缩短燃弧时间，延长熄弧时间，利于熔池降温，避免形成焊瘤、塌陷；在 1~11 点钟位置时，不要将坡口表面填满，预留 2mm 的坡口边缘。

步骤 4：在时钟 6 点钟位置起弧，沿顺时针方向，采用横向摆动的运条方法将步骤 1 中 6~7 点钟位置未填满的 1/3 坡口填满。这样在工件的起点段仰焊部位 6~7 点钟位置进行双层焊接，是因为焊接工件在起点段时，工件温度低，电弧不稳定，这样可以保证工件起点段的质量。

步骤 5：从坡口填满后的初始熔池的上端的弧坑中部起弧，沿顺时针方向重复步骤 2 的动作，直至焊接到定位焊下端坡口 10 点钟位置，将定位焊 10~11 点钟、未焊满的 11~1 点钟位置的坡口表面焊满。

此步骤中，定位焊 10~11 点钟位置焊接时，电弧在定位焊的夹角处停留时间稍长，防止未熔合等缺陷；11~1 点钟位置进行重复焊接，这是因为终点段工件温度高，双层焊接可减小每个熔池的体积，从而减小熔池受到的重力影响，防止终点段缺陷，保证焊接质量。

步骤 6：清理焊接飞溅，收拾设备工具。

三、实施效果

通过操作攻关，总结出小口径管全位置 MAG 焊"单道焊双面成型"操作小窍门。经检验，熟练掌握该操作小窍门后，能有效避免焊瘤、咬边、熔合不良、成型不均匀等缺陷出现。减少焊缝返工、返修，一次合格率达到 95%。将双道焊缝改为单道焊接，焊接时间从 40min 降低到 20min，提高效率 100%，节约能源 50%。实现了节能、降本、提质、增效，该操作小窍门在公司相关产品中推广应用，效果良好。

扫码观看视频讲解

（中车株洲车辆有限公司：易冉，冯存义，陈娜娜，李春明，宋柳义）

21 小直径厚壁钢管对接 MAG 连续焊接技巧

一、问题描述

小直径厚壁钢管对接环焊缝在焊缝结构中普遍存在，如图 1 所示，以轨道车辆典型部件牵引拉杆为例，主要采用 MAG 焊接技术将两个厚壁钢管（即壁厚 ≥ 15mm 的钢管）对接堆焊而成，此类部件均有较高的质量要求（RT、UT）。目前小直径管对接普遍采用水平滚动立焊的方式焊接。但此种焊接方法会产生较多焊接接头，使得层间清理与缺陷去除的工作较为烦琐，导致生产效率较低。经实际生产中大量探伤数据统计发现，此种焊缝的主要焊接缺陷为接头及内部未熔合缺陷，占主要缺陷比例的90%以上。

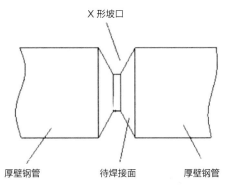

図1　焊缝结构示意图

焊接难点如下。

1. 运枪方式多样

目前立焊焊接过程中通常采用锯齿、月牙、三角形运枪方式，如图2所示。采用以上几种运枪方式，电弧与坡口面做点状接触，电弧停顿时间过短则造成两侧熔合不良，若停顿时间过长则造成熔池金属下淌。普遍存在焊缝表面凸起的情况，如图3所示，特别是焊道较窄情况（底层焊道）问题尤为突出，焊缝凸起形成夹角杂质聚集，极易封存在焊缝内部形成未熔合缺陷。

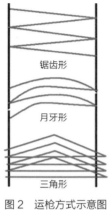

图2 运枪方式示意图   图3 外观成型示意图

2.接头清理繁杂

环焊缝闭环必然出现接头,如图4所示,严格的起收弧清理要求造成焊接多次中断,进而导致起收弧数量增加。反

图4 焊接接头示意图

复的层间清理使得生产效率受到很大影响（打磨清理时间占整个作业时间的 2/3）。即使严格进行接头及层间打磨清理，必然存在的清理不彻底现象，仍会造成焊缝未熔合、夹渣等缺陷，最终导致产品射线探伤不合格，返修甚至报废。

二、解决措施

通过焊前特殊预处理、梯形运枪、螺旋形堆焊等创新方法，实现厚壁钢管对接焊缝的连续焊接，从根本上解决了焊缝缺陷问题并大大提升生产效率。具体如下。

1. 选用螺旋式焊接路线

避开定位焊，先焊 30mm 左右焊段，将收起弧打磨去除，并打磨成上厚下薄的蜗牛壳状，后将其余未焊部位打磨清根（定位焊只留熔透部分焊缝）。在厚点切面处起弧，焊缝路线呈螺旋抛物线轨迹与先前打磨焊段自然过渡，接头无高点，每层接头处不必停弧。整条环焊缝采用连续焊接方式，焊接路线亦为螺旋抛物线状一气呵成，如图 5 所示。

2. 采用梯形运枪方式

如图 6 所示，梯形运枪轨迹沿着焊缝在两个夹角与两侧坡口面 4 点停顿，增加了电弧与坡口的接触面积和接触时间，

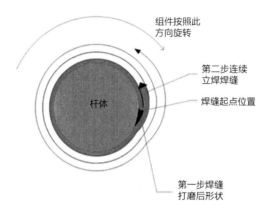

图 5　螺旋式焊接示意图

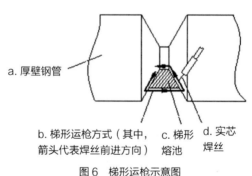

图 6　梯形运枪示意图

从而加大了熔深，防止未熔合缺陷产生。

　　具体操作过程：沿螺旋上升的梯形运动轨迹，在梯形熔池，如图 7（a）所示的 4 个节点稍作停顿（如图 7 中 1—2—

3—4—5—6—7—8 为焊丝依次停顿的节点），实现了厚壁钢管对接焊缝的连续焊接，避免了常规堆焊过程中由于焊缝层间清理造成的焊接过程中断。

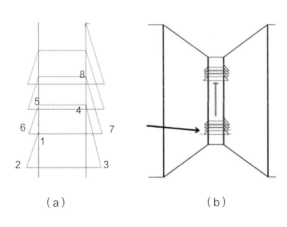

（a）　　　　　　　　　　　（b）

图 7　熔池行走路径

三、实施效果

1. 探伤合格率提升 9%

小直径厚壁钢管对接水平滚动焊实现连续焊接一次成型，整条焊缝只有 1 个接头，如图 8 所示，接头未熔合缺陷概率降至最低；梯形运枪方式使得焊缝表面平整，杂质不易聚集，如图 9 所示；同时增加了电弧与坡口的接触面积和接触时间，从而加大了熔深；牵引拉杆 RT（射线检测）探伤合格率提升 9%。

图 8　改进后的接头

图 9　改进后的焊缝外观

2. 生产效率提升 75%

采用螺旋焊接方式焊接小直径厚壁钢管焊缝，连续焊接一次成型，将原有多层焊接的多个接头减少至一个。梯形熔池减弱熔池金属下坠趋势，焊接参数可在原电流 120 A（数值可上下浮动 10%）的基础上增加 35%，即 160A 左右（数值可上下浮动 10%）；梯形熔池使立焊、堆焊操作难度降低，层道焊缝厚度增加（可实现 8~10mm 厚度），可减少焊道数量，节省接头及层道打磨清理时间，生产效率提升 75%。

3. 广泛推广应用

采用梯形运枪方式焊接对接环焊缝，增加了电弧与坡口的接触面积和接触时间，为焊缝熔合提供了有利条件，有效避免了未熔合缺陷的产生。螺旋焊接适用于所有水平滚动环焊缝，已在地铁构架抗侧滚扭杆安装座、智利抗蛇行减震器安装座等部件焊接中推广应用。梯形运枪适用于所有 MAG 立焊、仰焊位焊接，已在转向架立焊焊接结构中推广应用。

扫码观看视频讲解

（中车青岛四方机车车辆股份有限公司：王宝昌，孙正夏，商浩，牟世超）

22 中厚板不锈钢MAG 塞焊操作方法

一、问题描述

在轨道交通行业的发展中，因不锈钢材料具有质量轻、使用寿命长等优势，而被广泛应用于车体结构制造。虽然此材料因具有极强的抗腐蚀性，而被主要应用于焊接结构生产。但在实际生产中关于10mm+10mm不锈钢板立焊位置的塞焊接头如何焊接，仍然是困扰焊接工作者的主要问题。见图1所示。

焊接难点如下：

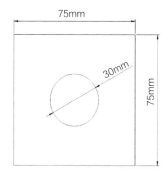
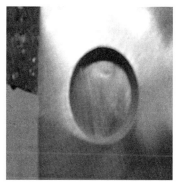

图 1　施焊前焊缝形貌图

　　此焊缝接头需用不锈钢中厚板立焊位置焊接，且因不锈钢的物理性能与现场原因，不允许焊前预热，需直接完成焊接环塞焊缝。

　　（1）因板材较厚无坡口，圆孔周圈与底板不易熔合。

　　（2）因是立焊 360° 环塞位置，对操作者的焊接技能要求很高，要一直能保证焊接位置随 360° 角度变化而变化，稍有不慎就会造成未熔合等缺陷。

　　（3）因现场原因和不锈钢的物理性能焊前不允许进行预热，焊接时更不利于厚板根部熔合。

　　（4）因位置原因，操作者技能达不到要求时，会出现如咬边、焊瘤、未焊满、焊缝过厚等多种缺陷。

二、解决思路与操作改进方法

结合工作经验及大量试验，针对焊缝外观成型差、内部未熔合等焊接缺陷进行改善。

1. 内部未熔合、未焊透等缺陷的改善方法

针对焊接接头母材及焊趾部的未熔合，我们如何能保证塞焊根部一圈与底板都完美熔合？首先在6点钟位置采用大线能量断弧击穿法进行周圈的打底焊接，如图2所示，再采用Z字形手法对焊缝底板进行打底焊接，如图3所示，待打底焊接完成后使用不锈钢齐头刷进行层间的清理，防止后续焊缝的层间未熔合、夹渣等缺陷的产生。除了上述方法与技巧，提高焊接电流、电弧电压，减缓焊接速度；改进焊枪运条方式，在焊接面上有瞬间停歇，并保持焊丝在熔池前沿也

图2　焊趾处打底　　　　图3　底板打底

十分重要。

表1 焊缝内部未熔合原因及解决方法

未熔合		
缺陷	产生原因	解决方法
圆弧根部未熔	焊件未清洁、装配间隙过大、电流电压过小	保证对焊缝根部进行施焊
根部及孔壁处未熔	施焊时，焊接方法不恰当	先焊根部；再用焊枪对孔壁旋焊
底板处未熔	电流电压过小，焊接死角未去除	孔壁完成后，采用 Z 字形手法焊接根部
层间未熔、夹渣	焊缝层间未清理	每次填充前对焊缝表面进行清理，去除死角再施焊；若未进行清理，则须保证死角焊透后再移动焊枪。

2. 焊缝外观成型差的原因与改进方法

中厚板的立塞焊接头外观成型差，主要原因有：未严格执行焊接规范，焊枪角度不正确，焊工操作不熟练，导电嘴因磨损孔径与焊丝不合适，焊丝、焊件及保护气体中含有水分等。故在实际焊接过程中，操作者需严格执行各项焊接规范、焊接前必须想好每一步的操作要点，如焊接几层、每一层的焊接厚度是多少、持枪角度是多少等重要项点。尤其是在最后一层盖面焊缝前需预留好盖面层的 1.5~2mm 的待焊空间，焊接前将电流电压适当减小，在焊接过程中，始终保持焊枪与板材呈 75° 左右的角进行稳定的焊接，并在焊缝两边适当停留，否则会造成焊缝中部的凹陷与凸起过厚及焊缝周边的咬边，最后在收弧时一定观察好收弧处的熔池温度，待熔池颜色稍冷却发暗后将弧坑填满。值得一提的是，除了焊接技巧外，加强焊前清理、保证气体纯度与流量、选择合适通畅的导电嘴等做法都可在一定程度上提高焊缝成型质量，避免电弧不稳与断弧等情况的发生。

表 2　焊缝外观缺陷、原因及解决方法

焊缝成型		
缺陷	产生原因	解决方法
中心凸起	焊接手法不正确	加快运枪速度
表面纹路粗大	电流电压过大	降低热输入，焊液逐层叠加，且焊丝保持于熔池前沿
二边凸起或凹陷	操作者控制焊枪走向能力不强	运枪时要保持稳定，并观察熔化焊丝的位置，当熔化焊丝较少时适当放慢焊接速度，较多则加快速度
收弧处出现凹坑	收弧方法不正确	收弧时观察焊缝金属表面颜色，等金属表面发暗时，一次填满凹坑

结合大量试验，笔者提出以下注意事项：

MAG 焊接技能小窍门

（1）对塞焊孔及底部母材施焊处进行清理，控制组装间隙、去除油污及杂质。

（2）适当降低焊接速度，压低电弧保证焊接时获得最大熔深。

（3）实时调整焊枪角度保证焊缝成型。

（4）焊接时电弧始终在熔池前沿，并保证持有焊枪的姿势正确。

（5）增加焊接电流及电弧电压，保证母材获取足够的热输入量，增加稳压电源装置或避开用电高峰。

三、实施效果

改进前：焊缝波纹粗大，层道之间存在咬边，塞焊焊肉与侧壁、底板之间存在大量未熔合。见图 4 所示。

改进后：焊缝波纹细腻，层道间无咬边、夹渣，焊肉与母材熔合良好。见图 5 所示。

结合大量塞焊试验，采用改进后的焊接方法后，成功攻克了不锈钢中厚板立塞焊的国际性难题，解决了根部周圈与底板的未熔合、夹渣、未焊透等内部缺陷；同时也解决了外部焊缝咬边、焊瘤、未焊满、焊缝过厚、焊缝波纹粗大、成

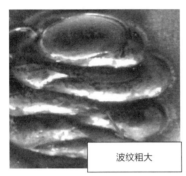

波纹粗大

未熔合

图 4 改进前图示

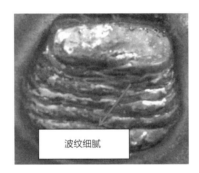

波纹细腻

图 5 改进后图示

型差等外部缺陷。

扫码观看视频讲解

（中车南京浦镇车辆有限公司：张洪远，
戴忠晨，金文涛，刘庭宾，丁亚萍）

板对接药芯粗丝仰焊打底操作方法

一、问题描述

1. 药芯粗丝仰焊缝打底焊现状简介

仰焊时金属液体受重力作用容易下淌，焊丝越细、熔池越小，焊接过程越易于控制，因此一般单面焊双面成型选取的焊丝直径不大于1.2mm。

2. 药芯粗丝仰焊缝打底焊存在问题及改进方案

实际在中厚板焊接生产过程中，为提高效率常采用1.6mm直径焊丝，由于药芯焊丝在做MAG焊接时电弧比较发散，熔滴过渡力弱，不容易向焊缝中心聚集，而且药芯焊丝环状铁芯中心包裹药粉，电弧燃烧是环形电弧，不像焊条和实芯焊丝电弧集中，电弧穿透力差，因此药芯焊丝气体保护焊的单面焊双面成型是电弧焊中难度较大的一种操作技术，尤其是仰焊。

为解决药芯粗丝打底焊问题，从两方面着手：一是通过焊枪角度和焊接电源极性解决焊缝背部凹陷问题，二是在确定 1.6mm 直径药芯焊丝电弧稳定燃烧的最小电流、电压参数之后，适当增加坡口钝边尺寸，采用断弧焊的操作手法确保焊接过程的稳定。

二、解决措施

1. 工艺措施

打底层的焊接是单面焊双面成型技术焊接操作的关键，操作不当易出现烧穿、咬边、焊瘤、背面成型凹陷等缺陷。焊接时，坡口角度、焊接电流、焊接电压、钝边尺寸、装配间隙这些参数之间相互配合、相互制约，1.6mm 直径药芯焊丝能够维持焊接电弧稳定燃烧的最小焊接电流为 220~240A、电压为 23~25V，这样在单面焊双面成型打底焊时电弧温度较

MAG 焊接技能小窍门

172

高，形成的焊接熔池较大，熔池容易下坠。在实际焊接试板装配中只能通过调整增加坡口钝边尺寸和间隙来增加熔池的散热面积和速度。熔池热量的扩散是远离钝边方向，熔池热量分布图如图1所示。

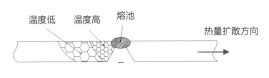

图1　熔池热量分布图

（1）1.6mm 直径药芯焊丝仰焊打底焊接参数表如表1所示。

表1　1.6mm 直径药芯焊丝仰焊打底焊接参数

焊道	焊丝直径（mm）	焊接电流（A）	焊接电压（V）	焊丝干伸长（mm）	气体流量（L/min）	电源极性
打底层	1.6	220~240	23~25	15~20	20~23	直流正接

（2）修磨钝边，用角磨机将钝边打磨至 3~4mm，如图2所示。

（3）调整间隙，焊接接头起头处组对间隙约 4mm，焊缝结尾处组对间隙约 5~6mm，如图3所示。

图2 焊接坡口修磨及尺寸示意图

始焊端4~5mm

终焊端5~6mm

图3 定位焊间隙示意图

2. 操作手法

打底层焊接按操作方法不同分为：连弧焊和断弧焊两种方法。由于1.6mm直径药芯焊丝形成的焊接熔池较大，连弧焊打底对焊工的操作技能要求很高，在实际生产中有一定的局限性。断弧焊打底，焊接过程中，通过电弧反复交替燃烧与熄灭，从而控制熔池的温度、形状和位置，容易获得良好的背面成型和内部质量。

操作时要遵守以下操作要领。

（1）打底焊电源采用直流正接，否则焊缝背面余高不足。

（2）焊丝端头尽量送至熔池背面。

（3）观察熔池形状和熔孔大小、形状，并保持一致；注意听电弧击穿坡口根部发出的"噗噗"声，如没有这种声音则表示没焊透。

（4）施焊时熔孔的端点位置要把握准确，使后一个熔池与前一个熔池搭接 2/3 左右，用电弧的 1/3 部分打开新的熔孔，以加热和击穿坡口根部。

（5）控制好燃弧时间和停弧时间，电弧燃烧时间适当可保证填充金属与焊缝充分熔合，过长则过渡的溶滴金属易下坠；停弧时间长，熔池温度低不利于再起弧后的正常焊接，短则熔池温度高容易导致塌陷和焊瘤。

（6）调整焊枪角度，工作角为 90°，倾角为 70°~80°，焊枪角度如图 4 所示。

（7）打底焊完成后对焊缝正面进行打磨，消除焊缝凸起处与坡口面形成的夹沟后即可进行填充，如图 5 所示。

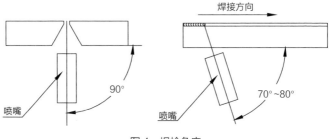

图4　焊枪角度

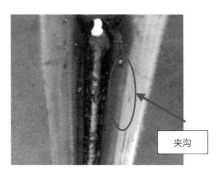

图5　打磨消除夹沟

三、实施效果

1.6mm 直径药芯焊丝仰焊缝打底焊操作技巧，汲取了焊条电弧焊和实芯焊丝 MAG 的操作经验，开创了熔化极焊接电源正接打底的焊接方法，确保背面良好的焊缝成型，在有局限的焊接参数条件下灵活地变换坡口钝边、组对间隙相关尺寸，

MAG 焊接技能小窍门

得到了优质的打底接头。现场操作图如图 6 所示，焊缝背面图如图 7 所示，焊缝正面图如图 8 所示。

图 6　现场操作

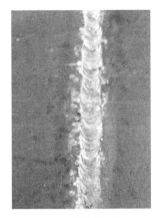

图 7　焊缝背面

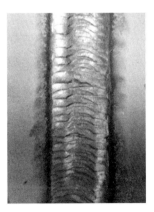

图 8　焊缝正面

扫码观看视频讲解

（中车大同电力机车有限公司：李继欣，吕纯洁，李胜，李世旺，郑勇）

24 曲轴平衡块焊接操作方法

一、问题描述

（1）异种钢焊接性差异大。本文所述焊接母材为42CrMo的中碳调质钢（曲轴）和20钢的低碳钢（平衡块材），将这两种不同材料焊接为一个整体，工艺要求选用与42CrMo和20钢相互匹配的焊接材料，确保焊接接头性能不突变。由于其化学成分、机械性能差别很大，所以二者连接形成的焊缝焊接性较差。同时由于42CrMo合金含量高，在焊接过程中容易产生淬硬组织，出现冷裂纹。

（2）焊缝尺寸大且焊接空间受限。两者之间的焊缝最大厚度为77.4mm，最小厚度为45mm。焊缝方位为圆弧曲线，平衡块3（1）与3（2）、4（1）与4（2），3（3）与3（4）之间的间隔空间狭小（100mm），较长的焊缝长度又有350mm。施焊操作的空间受到极大影响。曲轴和平衡块焊接示意图如图1所示。

（3）焊接垂直度要求高。焊缝与平衡块、曲轴连接处圆滑平缓，平衡块与曲轴组装的表面垂直度在±1mm以内，增加了组装要求的难度。见图2、图3所示。

二、解决措施

为了确保焊缝的性能以及达到焊缝质量要求，针对以上问题，总结出了以下的焊接操作方法。

1. 组装工艺

（1）组装平衡块时，如图1所示，组装2、3（1）、4（1）、3（4）、4，平衡块采用4个定位板进行固定，引弧和收弧板坡口形式与平衡块一致。

（2）如图4所示进行定位板的定位焊，先将曲轴部位局部加热至150℃，焊接方法和焊接材料与主焊缝相同。焊角尺

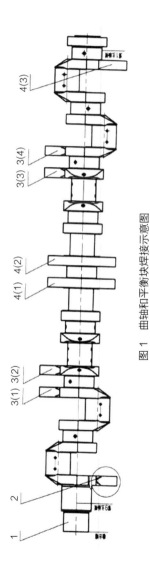

图 1 曲轴和平衡块焊接示意图

图 2 焊缝与平衡块、曲轴连接处圆滑平缓

图 3 焊接空间受限

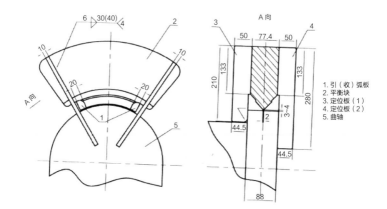

图 4 曲轴与平衡块组装示意图（单位：mm）

1. 引（收）弧板
2. 平衡块
3. 定位板（1）
4. 定位板（2）
5. 曲轴

寸为 6mm，长度为 30mm，间距为 40mm。平衡块与曲轴组装的表面垂直度一定要控制在 ±1mm 左右。

（3）平衡块与曲轴的焊缝间隙一定要控制在 3~4mm 之

内，间隙不能太大或太小，否则在焊接过程中会出现反面焊缝成型差和焊不透，造成未熔合。

注意：点焊不允许点在焊缝坡口内，因为平衡块是单面K形坡口，点焊的根部很难清理，特别是弧坑微小裂纹很难控制，会直接影响焊接质量。

2. 焊接坡口形式

本结构采用了双面单边V形，但是具有一个台阶，这样可以减小坡口角度，如图5所示。这种坡口形式有利于实现焊枪的可达性、焊工操作的可视性、减少焊缝金属填充量和焊接变形，以及标定焊缝金属厚度的参照。

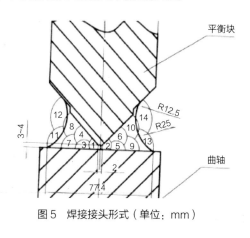

图5 焊接接头形式（单位：mm）

3. 预热

预热的主要目的是降低焊接接头的冷却速度，但又基本不影响在高温停留的时间，可以有效减小淬硬倾向。曲轴长度长、厚度大，为了提高生产效率和有效控制预热温度，因此考虑采用焊前整体预热加上焊接过程中氧乙炔火焰局部加热保温的方法，但这样又增加了焊接难度，焊接环境变差，造成影响焊接质量因素。预热温度要达到250℃以上。

4. 施加引弧和收弧板

引弧和收弧端电弧不稳定，容易出现缺陷。本结构采用多道焊，会产生多个引弧和收弧端。因此，引弧和收弧板可以将缺陷引到焊件外，且可以改善终端部位温度场，有利于导热，不使终端部位的温度过高。当去除引弧和收弧板处的焊缝后，打磨焊件两个端面，这样就可以确保整条焊缝尺寸上的完整性和致密性，并减少了缺陷。

5. 焊接技巧

通过焊接性试验，本曲轴平衡块焊接采用药芯焊丝气体保护焊（136），焊接材料为TWE-711Ni（ER501T-1），下面以焊缝4（1）为例，介绍在施焊时的操作技巧。

由于焊缝是呈圆弧状且曲轴长度长，平衡块间隔小，较难实现平焊位置和立焊位置的施焊，所以采用半上坡的爬坡焊。焊缝4（1）第一道焊缝的焊接是整个平衡块的关键点，采用单面焊两面成型的操作方法，既要保证正面的成型，也要保证反面焊透。

（1）打底焊。

①控制起弧位置：首先调节好焊接电流，调整好曲轴平衡块的位置，把起弧点放在8~9点钟之间的位置，从引弧板开始引弧，快速移至曲轴和平衡块坡口底部。当形成熔孔时，焊枪做小幅度摆动，采用小锯齿形手法，在坡口两侧稍作停顿，焊枪角度偏向曲轴，大概在50°~55°之间，连续向上移动。当焊至9~11点位置时，是爬坡位置，用斜月牙形或斜锯齿形手法控制焊枪，这样可以有效控制反面成型。

②控制熔孔的大小：熔孔的大小决定背部焊缝的宽度和余高，要求焊接过程中控制熔孔直径始终比间隙大1~1.5mm。若熔孔太小，就会造成根部未熔合；若熔孔太大，会造成焊瘤、焊穿等缺陷。这要求在焊接过程要仔细观察熔池大小，并根据间隙和熔孔孔径的变化、试板温度的变化及时调整焊枪角度、摆动幅度和焊接速度，才能获得良好的焊缝。

③保证两侧坡口的熔合：焊接过程中注意观察坡口面的

熔合情况，依靠焊枪的摆动，电弧在坡口两侧的停顿，保证坡口面熔化在一起。

④控制喷嘴的高度：焊接过程中始终保持喷嘴高度固定，不然会造成焊接电流不稳定，电弧在离坡口根部 2~3mm 处燃烧，打底焊的厚度不超过 4mm。

⑤收弧：当焊接到上面的引弧板时，就要作好收弧准备了，收弧要收在平衡块上，待熔池完全凝固后，才能移开焊枪。

⑥打底焊接时，尽量一次焊接完成，减少焊接接头，避免产生焊接缺陷，假如在焊接过程中一定要接头时，就要在接头处打磨成斜坡状，然后才能焊接。

（2）填充焊。

①焊接完第一道焊缝，清理焊渣和飞溅，检查正面和反面焊缝，假如有缺陷，立即采用机械的方法，去除缺陷，方可从反面进行第二道的焊接。焊道有 3~12 条，要求焊接手法熟练，焊道均匀，保证焊缝道与道之间充分熔合。

②控制两侧坡口熔深，填充焊时，用机械方法或氧—乙炔的方法去除定位板，不允许割伤平衡块和曲轴表面。

③控制焊道的厚度，填充焊时焊道的高度低于母材1.5~2mm，一定不能熔化坡口两侧的棱边，以便盖面时能够看

清坡口，为盖面焊打好基础。

④在填充焊接时，时刻注意平衡块与曲轴组装的表面垂直度是否在±1mm以内，假如在焊接时发现垂直度超差，就要充分发挥焊接中的变形特点，先焊变形大的对面，通过热胀冷缩的原理，把超差变形拉回来，通过冷却时间的长短控制，来焊接变形大的一面。

（3）盖面焊。

①焊接前的清理，焊前应将填充焊层的飞溅和熔渣清理干净，凸起不平的地方磨平。

②控制焊枪的摆动幅度，焊枪的摆动幅度比填充焊时更大一些，摆动时要幅度一致，速度均匀。注意观察坡口两侧的熔化情况，保证熔池的边缘超过坡口两侧的棱边不大于2mm，避免咬边。

③控制喷嘴的高度，保持喷嘴的高度一致，才能得到均匀美观的焊缝表面。

④控制收弧，填满弧坑并待电弧熄灭，熔池凝固后方能移开焊枪，避免出现弧坑裂纹和产生气孔。

⑤在焊接4（1）后，检查焊缝有无缺陷，确认没有后，立即组装4（2）平衡块，通过氧—乙炔加热，达到焊接温度，

方可开始焊接。

焊第一道焊缝时，由于两平衡块间只有 100mm 的距离，给操作带来很大的困难，影响了焊枪的可达性和熔池观察的可视性，由于空间局限性，用原来的焊枪无法满足可达性，所以对焊枪进行了改造，通过缩短鹅颈管、喷管和导电嘴长度来完成焊接。

⑥引弧板和收弧板的去除。在热态下用碳弧气刨将引弧板和收弧板去除，并应留 4~5mm 的打磨余量，禁止强力去除。

6. 焊接参数

方法	焊材型号规格	电流（A）	电压（V）	保护气体	气体流量（L/min）	层间温度（℃）
136	TWE-711Ni-ϕ1.2（ER501T-1）	200~250	25~28	CO_2	18~20	250

7. 焊后热处理

焊接完成的曲轴立即热处理，升温至 $650 \pm 10℃$，保温 2~3h，炉冷。

三、实施效果

按照此操作小技巧，焊缝与平衡块、曲轴连接处圆滑平缓，平衡块与曲轴表面垂直度在 ±1mm 以内，达到尺寸要求。焊缝表面探伤按照 ASTM A986/A986M《连续晶粒线向曲轴锻件磁粉探伤技术规范》执行，焊缝内部探伤按《钢焊缝手工超声波探伤方法和探伤结果分级》进行，检验等级 B 级，评定等级不低于Ⅰ级，满足焊接质量要求。这一套切实可行的曲轴平衡块焊接操作技巧，达到曲轴机加工和平衡块焊接的全部国产化目标，并进行了批量生产，值得推广。

扫码观看视频讲解

（中车戚墅堰机车有限公司：张忠，程希金，闫鑫，陆忠良）

下　篇

机械化 MAG

技能小窍门

1 板端封口机器人焊接技巧

一、问题描述

封口焊是指板材厚度方向的一小段焊缝。封口位置焊缝如图 1 所示。实际生产中多采用手工焊接方式焊接，手工焊接封口方式为先封口，再焊两侧，最后对焊缝进行打磨精整。

在实际生产中发现，对于封口焊位置，难以短时间内实现机器人连续两次直角拐弯，加上空间位置和焊接顺序的限制，造成该位置总是需要人工补焊，难以完全实现机器人焊接。同时，生产过程中梁体内部隔板数量较多，封口位置也

图 1　封口位置焊缝图示

多，手工补焊效率低下。因此，本文利用焊接机器人对不开坡口和开坡口的试板分别进行了两种不同焊接顺序的工艺试验，研究封口位置的机器人焊接工艺。

二、解决措施

选择材料为 12mm 厚的 16MnDR 低合金结构钢，底板尺寸为 250mm × 125mm，立板尺寸为 200mm × 100mm，立板 1 端部不开坡口，立板 2 端部开坡口，坡口角度为 45°，深度为 5mm。两种板材组焊示意图如图 2 所示。

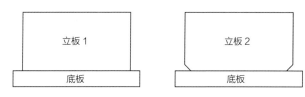

图2 两种板材组焊示意图

为了防止表面油污水分等污物在焊接过程中搅入焊缝影响接头质量，焊前利用角磨机将焊缝周围 20~30mm 范围内打磨出金属光泽。采用 MAG 焊接方法，利用 Cloos 机器人和 QUINTO GLC 603 焊机，在 82%Ar+18%CO$_2$ 的保护环境下进行焊接试验。具体焊接参数如表 1 所示。

表 1 焊接参数

焊层	焊材直径（mm）	电流强度（A）	电弧电压（V）	送丝速度（m/min）	摆动角度（grd）	摆动幅度（mm）	摆动频率（Hz）	焊接速度（cm/min）
1	1.2	248	30	9	0	4	2.43	35

操作过程如下：

（1）立板与底板组焊：将立板与底板进行组焊，焊接位置为立板长度方向中间位置，长度为 30mm 左右。

（2）确定焊接顺序与方向：不同焊接顺序封口焊接示意图如图 3 所示，先进行 L 形焊接，再进行另一侧焊接，编号

①和②分别代表焊接顺序，箭头方向为焊接方向。

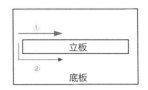

图3　不同焊接顺序封口焊接示意图

（3）确定焊枪与焊接前进方向的夹角 α：焊枪与焊接前进方向的夹角 α 示意图如图4所示，选择 α=135° 进行焊接。

图4　焊枪与焊接前进方向的夹角 α 示意图

（4）确定焊枪与立板的夹角 β：焊枪与立板的夹角 β 示意图如图5所示，不开坡口板材和开坡口板材分别选择 β=45° 和 β=50° 两种角度进行焊接。

图5　焊枪与立板的夹角 β 示意图

（5）编程焊接：按照前述焊接顺序和角度，按照如图6所示点位进行编程，编程结束后，进行焊接。

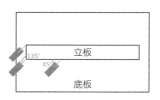

图6　编程点位示意图

三、实施效果

按照上述操作方法编程焊接后，板端封口机器人焊后图如图7所示。观察此图可知，焊接完成后，在焊缝搭接位置

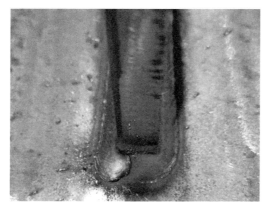

图7　板端封口机器人焊后图

会有明显的连接线，且连接线位于立板厚度方向，直接打磨连接线位置至平滑过渡即可满足工艺要求。而且该方法目前已应用到多种车型侧梁内部隔板封口焊接，效果良好。

扫码观看视频讲解

（中车株洲电力机车有限公司：雷淑贵，田伟明）

敞车端墙仰角焊缝
自动焊接技巧

一、问题描述

1. 端墙与端梁仰搭接焊缝的焊接现状

端墙与端梁之间的焊缝，在车体组装后形成外侧处于仰位置搭接的焊缝。此焊缝在气保焊未大面积使用时采用焊条手工电弧焊焊接，在气保焊接作业普及后改为使用手工气保焊方式焊接此焊缝。此焊缝的焊接在上部组装流水线完成，焊缝位置距地面 1.1m 左右。

2. 存在问题及改进方向

在手工焊接过程中，焊接电流、电压、焊接速度、电弧长度、焊丝干伸长等工艺参数稍微控制配合不好，就容易造成焊缝咬边、焊偏等缺陷，使得焊缝成型不良。焊接质量受人为因素影响较大，质量波动也比较大。加之在焊接过程中，操作者始终处于半弯腰状态，操作难度大，连续焊接单条2.7m焊缝相当辛苦。焊接完成后，还必须进行修焊、打磨。这不仅影响整车焊接质量，使操作者工作量和劳动强度加大，还增加了生产成本，不利于降本增效。同时这样的长期劳动，还很容易使操作者患上腰肌劳损等职业病。见图1所示。

图1 改进前效果图

二、解决措施

1. 工艺措施

采用 CS-5B 自动焊接小车改造后，实现端墙与端梁仰搭接焊缝的自动焊接。对 CS-5B 自动焊接小车构造、原理、性能进行了仔细的分析和研究，将 CS-5B 自动焊接小车由水平放置在水平工作面改为竖直放置在垂直的端板工作面上，前端定位导向轮挂在端墙最下方的横带侧腹板表面上，并以此面为行走基准面，将沿焊接方向前端导向轮与定位基准的距离调整到大于小车后端距离（CS-5B 自动焊接小车的行走原理是利用小车与导向装置的不平行性，即小车行走方向的前端离导向轮基准近，后端离导向轮基准远，使焊接小车始终偏向于行走方向端行走，不偏离基准线），从而保证焊接小车行走时与基准的平行，同时更换小车中内置的永磁铁，增加其相对于端板的吸力进而获得更大的摩擦力，防止小车在行走焊接时掉落。并将焊枪夹持机构进行改造，以使焊枪与焊缝位置一致，焊枪夹持机构从小车后端伸出，保证焊枪与焊缝位置一致。见图 2 所示。

2. 操作手法

将 CS-5B 自动焊接小车由水平放置在水平工作面改为竖直放置在垂直的端板工作面上，以端墙上的横带为小车导向轮的定位基准面，并将焊枪夹持机构进行改造以使焊枪与焊缝位置一致。并且，由于横带与焊缝平行度较好，焊接过程

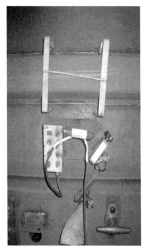

图2　CS-5B 自动焊接小车示意图

中调节相当少，CS-5B 型自动焊接小车能够自动沿端墙横带行走，成功地实现了端墙与端梁外侧仰搭接焊缝自动化焊接的行走要求。

三、实施效果

采用自动焊接后，依照相对合理的焊接规范和恒定的焊接速度，焊缝外观成型美观，焊缝宽窄、熔深一致，大幅度提高了端板与端梁外侧仰搭接焊缝的焊接质量和稳定性。同时，降低了对操作者技术水平的要求，操作方便，易学、易掌握，劳动强度低，大幅度改善了操作者原来的作业条件。见图3所示。

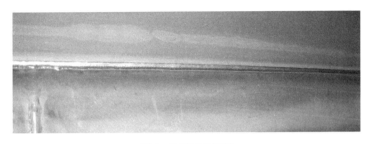

图3 改进后效果图

通过对CS-5B自动焊接小车的改造，实现敞车系列端墙与端梁外侧仰搭接位置焊缝采用气体保护的自动焊接技术，改造成本低，焊缝质量稳定，运用范围广，具有极高的推广价值和运用价值。

扫码观看视频讲解

（中车眉山车辆有限公司：伍鸿斌，白代文，王小东，贺万星）

敞车角柱板与侧墙板立焊缝自动焊接技巧

一、问题描述

1. 角柱与侧墙板搭接焊缝的焊接现状

侧墙与角柱之间的焊缝包括上侧板、角柱加强板与角柱的焊缝，该焊缝在车体组装后处于立位置搭接，焊角尺寸为4mm（上侧板与角柱）、6mm（角柱加强板与角柱）。此焊缝在上部组装流水线完成，采用手工气保焊立向下焊接。焊接工艺参数如下：

TH550-NQ-II 焊丝：直径 1.2mm，电流 180~200A，

电压 20~22V；焊接速度：350~450mm/min；保护气体：80%Ar+20%CO_2；气体流量：15~25L/min。

2. 存在问题及改进方向

该焊缝对操作者技能要求较高，而且该焊缝底部距离地面 800mm，顶部距离地面 3m 左右，操作者在焊接过程中必须站在活动走台上完成上半段焊缝的焊接后，再回到地上完成下半段焊缝的焊接，这增加了操作者的工作强度，不利于焊缝的一次焊接成型。

二、解决措施

1. 工艺措施

根据角柱与侧板搭接立焊缝的特点，实现其自动化焊接有两种办法：一是机械手自动化焊接方案；二是小车自动化焊接方案。机械手自动化焊接方案造价高、完成周期长，通用性和适用性差，并且挤占作业空间。故利用现有自动化焊接设备进行改造，从而实现目标焊缝的自动化焊接是比较经济和实用的方法。

CS-100A 多功能自动化焊接小车适用于平、横、立、仰全位置焊接。焊枪角度可以任意调节，适于多种焊接工艺，

下篇 机械化 MAG 技能小窍门

手动离合器可以实现小车快速回程功能；摆动参数如摆动模式、摆动幅度（±15°）、摆动速度（0~1052 mm/min）、左右停留时间（0~2s）等都可调节以获得所需焊缝；独特的手柄设计使得小车的安装和拆卸变得简便，体积小重量轻（9.5kg），便于使用和移动，非熟练工人也可以进行焊接。因此，采用改造 CS-100A 自动化焊接小车实现侧板与角柱搭接焊是有理论依据的。

在不调整作业工位的情况下，需要对自动化焊接工装进行设计，以满足 CS-100A 自动化焊接小车的行走焊接。

2. 焊接工装设计

（1）定位部件的设计。

根据车型不同，以上部流水线捣车码头停车位为基准，通过滑槽对辅助轨道进行粗调节与定位。推进定位风缸采用折页与辅助轨道进行上下两端连接。折页的另一功能是焊接结束后通过折页旋转焊接轨道至停放位置，防止捣车时车体与自动焊接轨道发生擦刮。自动焊接轨道与连接板采用螺栓连接，连接板与风缸焊接连接如图 1 所示。

（2）定位挡及定位滑块。

定位部件由定位挡及定位滑块组成，定位挡负责找准搭

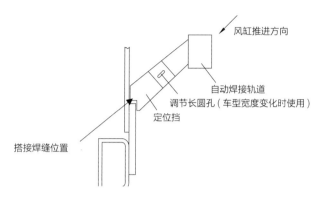

图 1 定位部件设计示意图

接焊缝位置，定位滑块主要负责定位挡旋转来调节定位角度和在焊接轨道上的位置来适应不同车型的定位，定位挡能在 51° 的范围内调节。见图 2、图 3 所示。

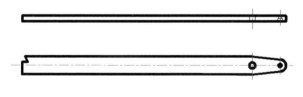

图 2 定位挡示意图

（3）龙门架工装。

龙门架工装由龙门架、上下滑槽以及辅助轨道组成，在距现有的 C80B 严缝龙门架 4.5m 的位置增加一个龙

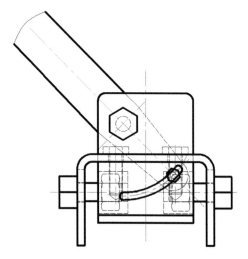

图3　定位滑块示意图

门架，此龙门架结构尺寸与 C80B 严缝龙门架一样，采用
300mm×85mm×7.5mm 的普通槽钢与补强板组成。上下滑槽
共 4 根采用 100mm×80mm×6mm×4000mm 的矩形钢管，固
定于两龙门架间用于辅助轨道滑行，来调节焊接位置，适应
不同车型的焊接。辅助轨道设计，一般一种车型只需要调节
辅助轨道一次，共设置 4 根辅助轨道，用于控制不同车型焊
接轨道的位置，此轨道是由 100mm×80mm×6mm×3480mm
的矩形管和连接上下滑槽的滑动装置通过 M20mm×180mm 的
螺栓连接而成，方便安装拆卸。见图 4 所示。

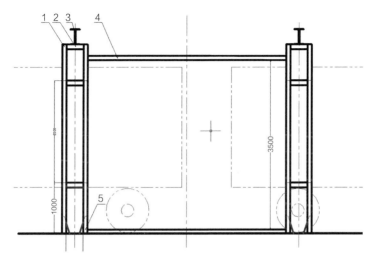

图4 龙门架工装示意图（单位：mm）

（4）焊接轨道。

焊接轨道是由 CS–100A 自动化焊接小车轨道及尺寸为 80mm × 80mm × 5mm × 3500mm 的通过加工的冷弯槽钢组成，小车轨道固定于轨道架上用于小车立焊行走。距离边 200mm 及 400mm 处开长 400mm 的槽用于固定挡位滑块，以及让挡位滑块在槽空间移动，来调节定位挡的定位点。

（5）焊接轨道与辅助轨道的连接装置。

通过风缸及前后连接块来连接焊接轨道与辅助轨道，组成一套完整的焊接装置。风缸控制焊接轨道的移动，把焊接小车送入预定的焊接位置，焊接完成后移动焊接轨道到停靠位置等待捣车。见图 5 所示。

图 5　焊接轨道与辅助轨道的连接装置示意图

3. 操作手法

当车体捣至工作台位，人工旋转焊接轨道至焊接位置，同步开启气阀使风缸开始工作，推动焊接轨道滑动，把焊接小车送入预定的焊接位置，调整焊枪与焊缝的位置合适后，开启小车，小车沿焊接轨道按设定速度实施焊接，焊接完成后移动焊接轨道到停靠位置等待捣车。

三、实施效果

自动焊接试验充分证明了焊接具有相对稳定的焊接规范

和恒定的焊接速度，使角柱与侧墙的焊缝质量得到显著提高，大幅度减少焊接缺陷。焊缝成型美观，焊缝宽窄、熔深一致。焊接质量的提高，使得焊修、砂轮打磨的工作量大为减少；降低了焊工劳动强度，改善了劳动条件；操作方便，易学、易掌握，降低了对操作者技术水平的要求。在一定程度上能缓解多品种生产条件下，高技能员工不足给车间产品质量保证造成的困难。见图6所示。

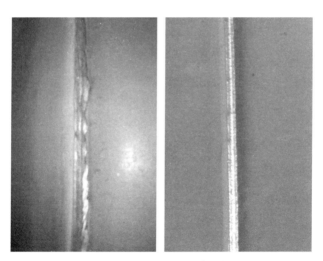

图6　手工焊与自动焊焊缝对比图

通过在原作业工位设计焊接工装，采用 CS-100A 自动化焊接小车，实现敞车系列角柱与侧板搭接位置焊缝采用气体保护的自动焊接技术，改造成本低，焊缝质量稳定，通用性强，几乎可适应所有具有相似结构的自动焊接生产，具有极强的推广价值和运用价值。

扫码观看视频讲解

（中车眉山车辆有限公司：伍鸿斌，白代文，谢林，刘洋）

4 封口连续焊缝机器人焊接操作方法

一、问题描述

1. 封口连续焊缝焊接现状简介

以 B 型地铁转向架中托板筋板组成封口焊缝为例，目前焊接机器人焊接封口焊缝时都是采用分两次对两侧焊缝进行焊接，且只对相对较长的两侧焊缝进行焊接。机器人转动变位机使筋板的一侧焊缝位于船形位置，然后移动焊枪从离封口较远的一侧起弧进行焊接，到达筋板封口处停弧，抬起焊枪，运动到相对安全位置。转动变位机，使筋板的另一侧焊缝位于船形位置，然后移动焊枪从离封口较远的一侧再次起弧进行焊接，到达筋板封口处停弧。抬起焊枪，运动到相对安全位置。依次完成工件所有筋板的焊缝焊接后，取下工件，由焊工手工进行筋板封口处的焊缝焊接，进而完成水平角焊缝拐角焊接。

所以能够使用焊接机器人对封口焊缝进行连续焊接，是提升自动化率重要且关键的一步。焊接机器人连续焊接筋板的两侧且封口位置拐角焊不停弧的困难之处在于焊枪移动轨迹变化十分急剧，机器人焊枪在筋板板厚方向内，需要连续急转 90° 直角弯，而且还要保证拐角处的焊缝熔合良好。在铁路行业内无类似经验可借鉴参考。

2. 焊接机器人封口焊缝操作目标

针对轨道车辆行业现有技术中，封口焊缝自动化焊接无法完成三面连续焊接的问题：焊接机器人连续焊接托板组成中筋板的两侧且封口位置拐角焊不停弧的困难之处在于焊枪移动轨迹变化十分急剧，机器人焊枪在 8mm 以上的筋板板厚封口部位，需要连续急转两个 90° 直角弯，而且还要保证拐角处的焊缝熔合良好，通过对自动化焊接机器人焊接工艺的调整，为封口焊缝的焊接提供了一种连续焊接封口焊缝的全自动焊接方法。

二、解决措施

1. 焊接工艺参数

B 型地铁托板组成焊接设备采用 IGM-K5 焊接机器人，配合福尼斯电焊机。其焊接工艺参数主要包括电流、电压、摆频、摆高、摆宽等，在焊接线能量一定的情况下，电流大小主要影响焊缝熔深，电流越大，熔深越大，越有利于焊缝的熔透，但是过大的电流会导致焊穿。电压主要影响焊缝宽度及成型，电压越高焊缝宽度越大。在焊接筋板三面焊缝时，若电流过大则容易造成封口面及两侧咬边的缺陷出现，电流小了不但影响生产效率，而且在进行金相检查时会有熔合不良的缺陷产生。通过大量的焊接经验总结出：在焊接机器人焊接封口焊缝的三面焊缝时，需要采用不同的工艺参数进行焊接，这样既能保证外观不会出现咬边的缺陷，内部金相检查也不会出现缺陷。焊接机器人焊接托板筋板的焊接参数如表 1 所示。

表 1　焊接机器人焊接托板筋板的焊接参数

	电流 （A）	电压 （V）	速度 （cm/s）	摆频 （Hz）	摆高 （mm）	摆宽 （mm）
起弧侧	200	20.5	18	70	0.5	7
第一拐角处	200	19.5	21	70	0.5	7
封口面	200	20.5	18	70	0.5	7
第二拐角处	200	19.5	21	70	0.5	7
收弧侧	200	20.5	18	70	0.5	7

2. 操作手法技巧

（1）焊接位置。

焊接位置是影响焊缝成型的重要因素之一。45°的船形焊虽然可使焊缝成型美观，但是由于机器人行枪受到空间约束的限制和急剧变化角速度的影响，托板筋板三面焊缝全部达到45°船形位置焊接时，程序是无法运行的。若按照平角焊的位置进行焊接后，会出现托板底板侧铁水下坠情况。经过反复改变焊接位置进行程序试运行和试焊接。总结出如下结论：筋板两侧可分别用30°船形位置，封口位置使用45°船形位置，这样利用机器人进行筋板的三面焊缝连接焊接，焊缝成型良好。见图1所示。

封口侧焊接位置

起弧侧焊接位置

收弧侧焊接位置

图 1　改进后焊接机器人焊接托板筋板时焊接位置照片

（2）焊枪角度。

行走角：焊枪行走方向的角度。

工作角：与焊缝垂直方向的夹角。

在焊接过程中焊枪的角度是影响焊缝成型的另一重要因素。保护气体会将电弧吹向焊枪倾斜方向的反方向，不利于焊缝根部的熔合，填充材料会过多凝固于焊枪倾斜方向的反方向一侧，造成未熔合。此焊缝需要在不熄弧的情况下连续焊接短距离的三面焊缝。特别是封口位置，焊枪的行走角要在 16mm 的距离内急剧变化 180°。经过反复试验得出：工作角为 50° 左右，行走角为 90° 时，焊接程序可以顺利运行且成型无缺陷产生。见图2所示。

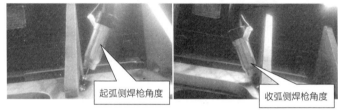

图2　改进后机器人焊接托板筋板封口侧焊枪角度照片

（3）特征点位置的选取。

①样板的制作。在机器人焊接托板筋板封口焊缝的过程中，由于机器人需要在16mm板厚位置连续急转两个90°，特征点的拾取对焊缝的成型乃至能否成功焊接都起到了决定性的作用。在焊接过程中，最重要的特征点是焊枪与焊缝的距离和焊枪在转角处的角度，它们对焊角大小、焊缝成型和是否能完全融合均起到了约束作用。为保证对焊缝成型的精确控制，设计出测量拐角位置的专用样板，在机器人编程过程中空步运行时，作为测量尺使用。它与托板、筋板组合使

用如图 3 所示。它的作用有 2 个：

第一，精确测量焊丝到板边的距离，确保两侧筋板的焊缝大小成型一致。

第二，精确测量在拐角位置的旋转角度，为寻找旋转角度参数进行定量。

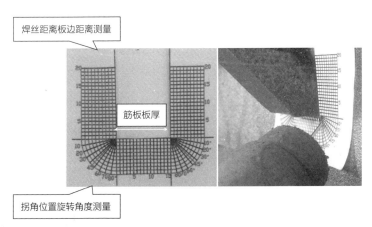

图 3　测量拐角位置专用样板与实际现场样板的应用

②特征点拾取试验过程。本操作法为实践出最好的焊缝成型，有如下的特征点拾取试验过程。首先，使用该专用测量样板，将所有参数固定后，逐一改变某个参数进行定量试验。在其他焊接参数不改变的状况下，试验过程中分别尝试改变以下参数：拐角位置的旋转角度分别从 30°、45°、

60°开始；焊丝到板边距离从 3~7mm 开始；改变焊枪的工作角；采用 PA 船形焊位置或者 PB 平焊位置；a5 的角焊缝焊接单层单道或者 2 层 2 道。

③特征点拾取试验最终结果。在使用试板进行逐一改变参数的多次试验后，再使用试验托板进行试焊接。最终结果：在旋转角度为 45°时，距离板边 5mm，工作角度为 50°，船形焊位置焊单层单道的焊缝成型最美观。

具体焊接的特征点如图 4 所示：

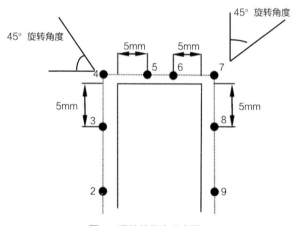

图 4　焊接特征点示意图

a.从距离板边 5mm 的点 2 开始起弧。此时焊接位置为船形焊，焊枪角度工作角为 50°，行走角为 90°。

b. 在距离拐角 5mm 的点 3 位置，变位机和焊枪同时开始发生变化，到达点 4 时变位机 E2 轴转平，此时焊接位置为平角焊。在保证工作角和行走角不变的前提下，焊接机器人 6 轴转动 45°，便于保持摆动的稳定性。

c. 从 4 点开始变位机 E1 轴开始旋转，同时焊接机器人 6 轴继续旋转。到达 5 点时使封口边的焊接位置达到船形焊，机械 6 轴相对于筋板旋转的 90°。此过程需始终保持工作角为 50°，行走角为 90°。

d. 5 点到 6 点变位机和机器人不需要再发生变化，正常焊接即可。

e. 6 点到 7 点与 4 点到 5 点变化相反。7 点到 8 点与 3 点到 4 点相反。

f. 8 点到 9 点可正常焊接。焊接位置和焊枪角度与另一边相同，焊接方向相反。

具体焊接时现场图片如图 5—图 7 所示。

三、实施效果

改进后的机器人焊接托板筋板封口连续焊缝有如下优点：

（1）减少了打磨焊缝接头再手工补焊的时间，提升了工

下篇 机械化 MAG 技能小窍门

图 5 起弧侧焊枪位置照片

图 6 拐角处焊枪位置照片

图 7 封口侧焊枪位置照片

作效率。

  （2）使托板筋板的焊接结构增强。

  （3）提高了自动化焊接程度，提升产品的质量。

  （4）为后续机器人焊接转向架中筋板类结构的封口焊缝

奠定了实践基础。

改进前手工补焊筋板封口图片和改进后的机器人连接焊接封口三侧焊缝如图8、图9所示。

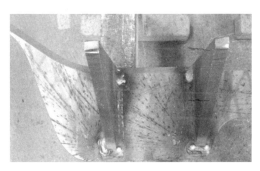

图8　改进前手工补焊托板筋板封口的照片

图9　改进后机器人连接焊接托板筋板封口的照片

以 B 型地铁转向架中托板筋板的自动化焊接为例，详细分析 IGM 焊接机器人在连续焊接筋板两侧焊缝与封口结构时遇到的焊枪变化角度大、变化空间小、焊接工艺参数难以控制等难点，通过改进自动化焊接工艺的方式，包含采用机器人外部轴联动调整恰当的焊接位置、规划焊接轨迹、试验焊枪角度和焊接参数，使 B 型地铁托板组成筋板焊缝，实现了完全自动化焊接，而且三面进行不间断焊接。焊缝的焊接质量得到了明显提高，解决了生产过程中的瓶颈问题。解决了手工焊接时焊工操作水平参差不齐，焊缝成型不美观，堆积较多的熔化金属，增加了后续修磨交验等工序的工作量的问题，降低了车间的生产成本，提高了生产效率。此焊接方法适用于构架生产过程中筋板三面连续焊接的单层焊接，焊接一次交验合格率高，具有很强的借鉴作用，具有很高的推广价值。

扫码观看视频讲解

（中车唐山机车车辆有限公司：樊亚斌）

焊接机器人枪轴同步编程方法

一、问题描述

转向架侧梁帽筒组成焊接工序是侧梁组成的关键工序。帽筒焊缝外观要求是 a3 的角焊缝，也就是说焊后要求水平方向不能超过 5mm，高度方向不能小于 13mm。这对于外径33mm 的圆周角焊缝来说难度非常大，即使是机器人自动化焊接也会由于熔池方向与熔化铁水的重力方向不一致导致咬边和焊淌等质量缺陷的产生。

原焊接工艺为 PB 位置多层多道焊，如图 1 所示，焊后会出现水平尺寸超差，盖面焊缝成型不良等质量问题，因此在机器人焊接后增加了补焊、打磨等工序进行焊缝的修整。

图1 PB位置多层多道焊后焊缝示意图

我公司生产的复兴号350km动车组是自主研发的新一代产品，本着"引进、消化、吸收、再创新"的原则，我们在焊接工艺上进行了大胆的尝试。

二、解决措施

为了改善焊接质量，我们决定利用IGM焊接机器人能够全方位旋转的L型双轴"变位机"和可旋转、升降的"外部轴"，再通过机器人的6个"内部轴"使焊枪与焊缝之间保持水平的船形焊接位置。这样，在机器人的"变位机""外部轴"和机器人"内部轴"的协调运动中完成整个圆周的焊接。简言之，就是将原来 PB 位置的多层多道焊优化为 PA 位置的多层单道焊，使焊缝一次成型避免多层多道焊产生的质量缺陷。

侧梁帽筒是侧梁下盖板与帽筒的组合件，底板长约 3200mm，组对后两件帽筒中心距约为 2500mm。这种情况下焊缝的位置与变位机轴心之间的偏心距较大，如果机器人焊枪在偏心距较大的位置进行相对的圆周运动会给编程带来非常大的困难。为了解决上述问题，我们在离线系统上进行了仿真模拟，又在现场机器人系统上进行了大量的实验，并摸索出编程的要点，总结梳理出如下焊接机器人枪轴同步编程法。

1. 定起点

由于工件焊缝属于直径为 30~40mm 的圆周焊接。为了保证焊接接头良好的性能，焊接时焊枪运动轨迹要大于 360°，但机器手 6 轴的软限位正负方向都刚好是 360°。为了保证焊接的连续性，要将机械手 6 轴首先按一个方向转到接近极限位置，在工件纵向中心位置作为焊接的起点，如图 2 所示，焊接过程中使夹持焊枪的 6 轴做反方向运动，这样就使 6 轴可以进行不小于 700° 的旋转，扩大了焊枪的工作范围。

图 2　定起点示意图

起点编辑时如果焊枪角度和姿态选择有误，就很容易导致焊接机器人手轴运行超出限位造成整个程序编辑的失败。

2. 选特征点

由于被焊工件在焊接时属于三维空间运动状态，在示教编辑点时没有参照物，这样对编程来说难度很大。我们采用编程之前在圆周上拾取有特征的焊接点的方法，例如：把焊接起点作为第一个特征点，然后把过起点的直径与圆周的另一个交点 2 作为第二个特征点，接着把垂直这条直径的另外一条直径与圆周的两个交点 3、4 点作为帽筒焊接的第三和第四个特征点。见图 3 所示。

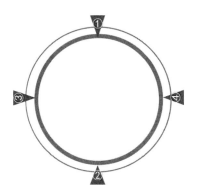

图 3 选特征点示意图

　　编辑这些点时，首先利用变位机 TURN 轴旋转 90°，变位机 SWIVEL 轴旋转 45° 转动，使这些特征点所在的焊缝处于船形位置，然后调整焊枪姿态再进行存储即可，这个方法非常方便实用。编辑特征点时机器人变位机和焊枪的姿态如图 4、图 5 所示。

图 4 变位机姿态示意图

图 5　焊枪姿态示意图

3. 截中点

只采用 4 个特征点编制整圆是不够的，还要在 4 个点之间各加一个过渡点，也就是圆弧的中间点。为避免机械手同步运动中手动定点"加速度"过快造成"死轴"的现象，编制圆弧中间点时采用点到点"线性"运动的 GOTO 模式，如图 6 所示，如当前焊枪在点①位置我们想得到过渡点⑤，那么我们只需要在点①位置将焊枪在工具坐标系下 Z 方向抬起一定高度，然后通过机器人 GOTO 命令让焊枪采用线性的模式从点①向点③位置运动，这时焊枪、变位机会同时运动，当焊枪运动到点①与点③接近中间位置时停下来，通过工具坐标系 X、Y、Z 三个方向移动焊枪，达到点⑤的理想位置进行过渡点⑤的存储。这样截取编辑的圆弧中间点更符合机械手运动学规律，运行起来非常顺畅没有停顿，会得到较好的焊缝成型。

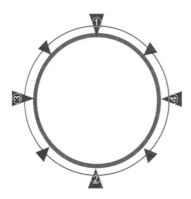

图6　截中点示意图

4.选坐标

为了保持焊接时焊枪与工件之间船形位置不变，就需要焊枪与变位机协调运动。所以在焊接圆周的运行中必须选择工件坐标系EXTO（坐标系的认证需要事先做好），坐标系的配置文件一般都是事先预置。需要注意的是在编程开始前就要检验该设备的工件坐标系是否正确，检验的方法可以认真阅读相关设备的操作手册，本文不再赘述。

5.优参数

有了好的焊接姿态还要有相匹配的焊接参数。重点是外圆焊缝参数的调整。打底焊时需要获得较高的熔深所以参数调整电弧要短而硬。送丝速度一般设定为12m/min、弧长修正为－6、焊接速度为33cm/min、摆动频率为100Hz、摆宽为2.0mm、摆高为0.5mm。焊缝盖面是关键，如参数设定不好特别容易出现咬边、焊淌的缺陷，所以要增大点摆动宽度和摆动频率，送丝速度一般设定为10m/min、弧长修正为－6、焊接速度为21cm/min、摆动频率为90Hz、摆宽为7.5mm、摆高为1.0mm。

6. 试运行

试焊之前要关闭电弧进行模拟行走，观察运行轨迹是否按照所编制的路线进行。如没有问题可以进行试焊，但不要使用电弧传感功能，因为电弧传感功能在焊接时会根据实时的焊接轨迹校正编程时点的位置，这样将不容易判断编辑的焊接轨迹是否正确。在试焊无误后更换工件时再加电弧跟踪，这样如果出现异常我们可以准确判断出原因。

三、实施效果

采用此种方法编辑的程序——通过焊接机械手的变位机双轴变位与机械手焊枪的同步运动保证整个圆周焊缝在焊接

时始终处于船形位置，能够获得较好的焊接熔深和完美的外观成型。生产效率提高30％以上、打磨量降低80％、一次交检合格率从原来的70％提高到98％以上，外观成型率得到大幅度提高。见图7、图8所示。

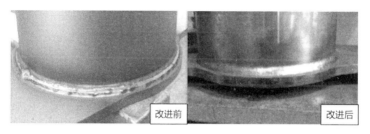

图7　外观成型改进前后对比

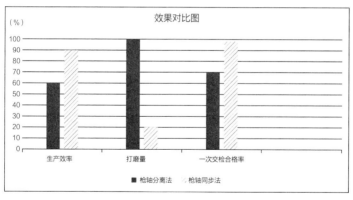

图8　改进前后效果对比

此方法成功应用在中国"复兴号"高速动车组转向架焊接生产中，得到广大用户的高度赞扬，是公司以一线员工为主导的"引进、消化、吸收、再创新"的成功范例，为彰显高铁工匠风采，打造"中国制造"亮丽名片发挥了积极作用。本编程小窍门广泛推广应用在北京地铁 15 号线、房山线；巴西 EMU；香港地铁沙中线；上海地铁 9 号线、3 号线、4 号线、17 号线等车型的侧梁帽筒以及侧梁自动焊接编程上，这些程序的编制不仅解决了公司的生产难题而且大大提升了产品质量，得到业主的高度赞扬，为我公司赢得海内外高端城铁车市场份额增加了重重的砝码。

扫码观看视频讲解

（中车长春轨道客车股份有限公司：谢元立）

弧焊机器人连续转角编程技巧

一、问题描述

弧焊机器人连续转角作业时，往往会出现几种不同的焊接缺陷，如图 1 所示。

（1）连续转角时，在直角处会产生咬角缺肉的缺陷。

（2）在同一焊接参数下，转角处焊肉堆积产生下流现象。

（3）采用不同焊接参数下，第一个转角与第二个转角焊缝成型不均匀。

（4）在转角位置起弧、收弧，产生较大的应力集中点。

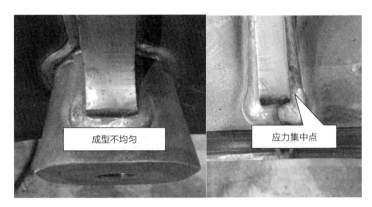

成型不均匀

应力集中点

图 1　常见转角焊接缺陷示意图

连续转角时，焊缝区域小、热输入量大、散热速度慢、转角位置温度不断升高。如果采用同一种焊接参数，由于工作范围小，转角位置温度不断上升，再加上焊枪在变换角度时焊接速度减缓，必然会产生咬角缺肉，焊肉堆积下流现象；采用不同焊接参数（即焊缝与转角位置采用不同的焊接参数）时，可以避免产生焊肉堆积造成的下流现象，由于参数的位置、焊枪的工作角度、行走角度以及焊丝指向（焊接点）位置的不同，连续转角时，焊枪转动角度大，在 TCP 精度较差时，焊枪运行轨迹与编辑路径会产生偏移，在转角处依然会出现咬角缺肉的缺陷，同时还会出现第一个转角与第二个转角焊缝成型不均匀的缺陷。

二、解决措施

1. 工艺措施

在编辑焊缝轨迹前必须保证 TCP 精度。通过焊接参数的转换及其参数转换位置的确定，定好焊枪的工作角度、行走角度以及焊丝指向的精确位置，来解决连续转角所产生的焊接缺陷。

2. 操作手法

如图 2 所示，以 8 点法完成连续转角，以焊角尺寸 K=7 为例：

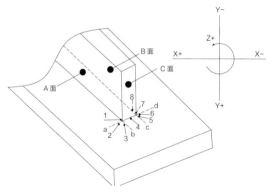

图 2　改进工艺措施示意图

（1）将 A 面焊缝末端设为第 1 点，焊接参数为正常焊接参数（第一参数）、工作角度 45°、行走角度 0°，行走角度定为 0° 是为了便于第 2 点焊枪角度的变化。

（2）以 A 面与 C 面的延长线 a 为基准线，A 面向 X+ 方向移动 3mm，再以此位置向 Y+ 方向移动 2mm，向 Z+ 方向旋转 30°，在这里设定第 2 点。在第 2 点就要转换转角参数（第二参数），转角参数的电流、电压要比第一参数小 25% 左右，速度减慢 10%，频率略微增加，工作角度调整至 35°、行走角度保持 0°，降低电流、电压是为了减小热输入，减慢速度和调整工作角度是为了保证焊角尺寸的一致性，加快频率是为了避免在上焊趾停留时间过长而导致咬角。

（3）以 A 面与 C 面的延长线 b 为基准线，C 面向 Y+ 方向移动 3mm，以此位置向 X+ 方向移动 2mm，再次向 Z+ 方向旋转 30°，在这里设定第 3 点。工艺参数与第 2 点相同。

（4）第 4 点位于立板板厚中心向 Y+ 方向移动 2mm 的位置，工作角度调整回 45°，其他工艺参数与第 2 点相同。调整工作角度是为了避免上下焊趾不对称，造成焊肉下流的现象。

（5）以 B 面与 C 面的延长线 c 为基准线，B 面向 Y+ 方向移动 3mm，以此位置向 X– 方向移动 2mm，再次向 Z+ 方向旋转 30°，在这里设定第 5 点。工艺参数与第 2 点相同。

（6）以 B 面与 C 面的延长线 d 为基准线，C 面向 X– 方向移动 3mm，以此位置向 Y+ 方向移动 2mm，再次向 Z+ 方向旋转 30°，在这里设定第 6 点。工艺参数与第 2 点相同。

（7）以 B 面焊缝起始点向 X– 方向及 Y– 方向各移动 2mm 处设定第 7 点，工作角度调整回 45°，其他工艺参数与第 2 点相同。调整工作角度是为了与第 8 点更平缓地过渡。

（8）以 B 面焊缝起始点向 Y– 方向移动 8mm 处设定第 8 点的工作角度为 45°、行走角度为 5°，在这里转换第一参数焊接电流，电压会瞬间加大，焊枪在向前运行的过程中熔融液态金属还会产生向后的推力，将之前 8mm 的小焊角覆盖，与背面焊缝焊趾一致。行走角度不宜过大，过大的话，熔融液态金属向后的推力不足，会造成脱节不均匀现象。

三、实施效果

应用 8 点法连续转角，转角处与两侧焊缝均匀一致，无咬角缺肉和焊肉堆积下流缺陷产生。见表 1 和图 3 所示。

表 1 改善前后效果对比

改善前	改善后
咬角缺肉	圆润饱满
焊肉堆积下流	平滑光洁

改善前	改善后
成型不均匀	均匀一致
转角起收弧应力集中	圆滑过渡

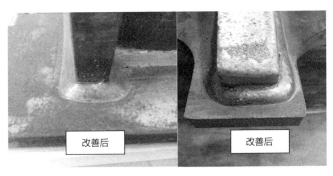

图 3　改善后效果图

通过焊接参数的转换及其参数转换位置的确定，焊枪的工作角度、行走角度以及焊丝指向的精确位置等多种方式相结合，消除了所产生的多种焊接缺陷。焊缝成型平滑光洁、圆润饱满，全面提升了焊缝质量。

扫码观看视频讲解

（中车大同电力机车有限公司：冯超）

7 弧焊机械手焊接异常"诊断"技巧

一、问题描述

1.弧焊机械手"焊接缺陷"简介

用弧焊机器人焊接时，在我们焊接完成后，有时工件上就会出现缺肉、咬肉、焊偏、面波浪及趾波浪等缺陷，如图1所示。

2.产生焊接缺陷的原因分析

弧焊机器人的焊接缺陷是由很多前提因素造成的，为了能够更准确地分析异常产生的原因，我们从机械手的结构和

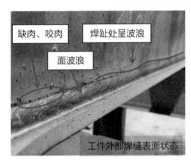
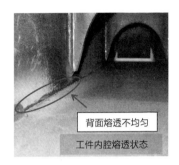

缺肉、咬肉　　焊趾处呈波浪

面波浪

工件外部焊缝表面状态

背面熔透不均匀

工件内腔熔透状态

图1　"焊接缺陷"照片

环境程序方面进行系统分析。

（1）从机器人的结构上分析，包含以下4个方面。

①焊接电源（地线的回路、根菜单中的起收弧参数、时间、模拟与实际值的应用）。

②送丝机构（不同焊丝及焊丝直径在应用时，推拉丝的调整与设定，压紧轮与送丝轮的检验）。

③焊接电缆（不同类型的焊丝与导丝软管匹配应用，送丝软管在安装更换时的标准等）。

④焊枪（绝缘体、分流器、导电嘴、喷嘴、工具中心点），变位机与工件的关系，示教器（程序结构逻辑编辑，各项参数编辑、指令的导入）。

（2）从环境程序的结构上分析有以下三部分内容。

① 焊接参数。例如，焊枪的位姿、电流、电压、焊速、摆动参数、修正指令。

②程序的构架与焊接工艺的结合性。

③程序中的变量关系的应用。

二、解决措施

那么当出现焊接状态不正常时，该如何从这些复杂的系统入手呢？其实可以把弧焊机器人比作一个人，那当人生病的时候，医生是如何看病的呢？尤其是中医。大家都知道中医是博大精深的一门学问，它的形成历经上百年。而弧焊机器人的发展才不过几十年，它的"病理"诊断，也是需要一个规范合理的过程。那笔者就用中医的望、闻、问、切的思路来给"弧焊机器人"排忧解难。

1."看"字诀

"看"首先要明白"看"什么，怎么"看"。

（1）"看"飞溅。

飞溅能够体现焊接中熔池的实时状态，不同的焊接参数所形成的熔池也是不同的！那么我们所要看的是什么样的飞溅呢？对于成熟稳定的工艺参数，其焊接过程中的飞溅物是不会黏着在工件表面上的。甚至飞溅物溅落在皮肤上都不会烫手。在焊接过程中，当发生某种变化时，其飞溅状态就会发生变化，例如，飞溅过多可能为焊接参数在应用电弧跟踪时，Z轴向的参数设定出现了矫正错误的表现。

当遇到焊道有凹陷现象时，不能及时地矫正"干伸长度"的变化，会导致气体组分或焊丝外伸长度太长。

解决方法为：及时应用"在线优化"功能，适当调整机器功率的大小来改变焊接参数，通过调节气体配比来调整混合气体比例，调整焊枪与工件的相对位置。

（2）"看"烟尘。

焊接时产生的烟尘，有时会体现出一些动态的信息。例如：焊接电压的大小，导电嘴的使用状态，焊道内的油污、铁锈、焊渣、割渣等杂物，都会导致在焊接过程中烟尘的加大。影响"激光跟踪"性能的同时，也是焊接缺陷产生的前兆。这时就需要及时观察熔池状态和表面成型状态，如发现夹渣、气孔，要及时停止焊接，彻底清理缺陷的同时要检验焊道的状态，清理油污、铁锈、焊渣、割渣等杂物后再继续焊接。

（3）"看"熔池状态。

首先，电弧不能处于熔池的后方，要始终保持熔化点领着熔池金属走。其次，在面对特殊的成型要求时，要保证熔池形状、冷却速度与摆动参数相结合。例如：鱼鳞纹的成型，就需要冷却速度与摆动参数相结合。

（4）"看"电弧状态。

焊接中电弧的长短与宽窄的匹配是很重要的，但在弧焊机器人的应用中，它的作用还要放大。因为，弧焊机器人在焊接时较为稳定，不像手工焊时可以通过操作上的技巧来进行相对的调整，并且在弧焊机器人的应用上，"电弧跟踪""激光跟踪"等辅助的修正手段都是建立在"摆动焊接"的基础上的。所以，电弧状态是否稳定将会影响到"摆动焊接"的参数设定。

（5）"看"焊后表面成型的状态。

不同焊接参数和程序结构所体现出的焊后成型状态是不同的。例如：在参数正常、结构正常的情况下，成型时却有缺肉的现象发生，这就要观察根层焊的热输入是不是出现了不同的体现。如果根层焊受到母材的影响，产生了焊瘤导致覆盖层下陷，其最终的成型将会出现缺肉的现象。

（6）"看"热影响区成型状态的对比。

当焊接状态出现不稳定时，有可能是电弧跟踪的参数设定不好，或者是工具中心点的误差较大，导致在进行变量计算时，数值偏差量大，焊接轨迹修正不精确。

2."听"字诀

在实际焊接中，当成型的固有参数出现问题时，熔池的爆裂声音将发生变化。比如，不同焊接状态其声音也是不同的，那么，不同的熔池爆裂声音就代表着焊接状态发生的变化（例如，平稳的"突突""噼啪""嗡嗡"声都代表不同的焊接状态）。再有就是，可以通过焊接过程中的声音辨别出，焊枪喷嘴内部的状态，例如"保护气体的通畅度"。

当声音发生变化时，先不要急于终止焊接，因为，这种现象的表现会是短暂或阶段性的，其排除方法也是不同的！所以我们要进行下一步观察，那就是"摸"。

3."摸"字诀

（1）"摸"地线。

地线回路的温度不可高于手感温度，当高于手感温度时，要及时停止焊接，检查电线回路是否松动。

（2）"摸"机器人本体轴 4~6 轴。

本体轴 4~6 轴，焊接时不要有明显的抖动，如果有抖动现象，可首先检查机器人本体轴是否与基座固定牢靠，其次降低摆动频率或减短两端的停顿时间。

（3）"摸"外部轴。

摸外部轴在连续转动时是否有停顿感，在静止状态时是否有下坠感。在机器人焊接过程中，出现外部轴在连续转动时有停顿感，可检查程序是否编辑了"精确到达"，如果指令是"精确到达"，可改为"非精确到达"指令，或"圆滑过渡"值设定过小，建议设定值为 3~5。当外部轴静止状态时有下坠感，要及时停止机器人。确定焊接工件的重量是否超出变位器扭矩的极限值，或工件出现偏心装夹的现象。

（4）"摸"焊枪的焊接电缆。

"摸"焊枪的焊接电缆的温度是否正常，其内部的导丝状况是否稳定。弧焊机器人的焊接电缆是水冷式，出现温度过高时要及时停止焊接。检查水循环是否正常，如果失常，可先屏蔽水传感器信号。如果水传感器正常，就要先把焊接电缆与送丝机构断开，分别用高压风进行吹扫。断开的送丝机构要先用软管将进水口和回水口连接，使其形成一个完整的回路，再从焊接电源的总进、出口处吹扫！

（5）"摸"送丝机构。

在不起弧的状态下，连续送丝。用手感觉流畅度及手指上的黏着物，看其是否有金属粉渣，查看送丝机构是否正常。当送出的焊丝表面有黏着物时，可以更换焊接电缆中的弹簧软管，保持送丝管路的畅通和清洁。当发现焊丝有金属粉渣时，可以检查送丝机构的压紧装置是否压合过紧或送丝轮磨损过大，这都是导致送丝机构在工作时损伤焊丝的原因。

三、实施效果

1. 缺陷体现

表面成型缺肉；飞溅大，焊缝外观差；飞溅物黏着性强，不易清理。

2. 缺陷分析

（1）看。

焊接时，双丝焊接在第一覆盖层焊接时，飞溅大且电弧不稳。干伸长不符合双丝弧焊的要求，熔池状态时好时坏并伴有一定的规律性。

（2）听。

焊接时，有连续爆裂声，声音清脆，无节奏感。

（3）摸。

地线及焊接电缆温度正常，焊接电缆内送丝稳定。

3.总结

根据上述的分析,看和听的情况都符合焊接时杆伸没有较好地匹配焊接参数的现象,属于程序结构的缺陷表现。结合内部焊缝的熔合状态,可以判断为"样板库"中预设偏移量与实际位置技术不符,可以先矫正"样板库"中的偏移量,使其根层与覆盖层的偏移量与实际工具中心点的值相同。达到根层焊接时焊枪位姿准确,熔合状态好,焊道平整。覆盖层、偏移量与杆伸长相匹配,双丝弧焊的熔池状态稳定,前丝与后丝的电弧互不干扰,形成正常的电弧搭桥状态。最后要加入一定的"等待指令"保证层间温度,使其在盖面层焊接时,不会出现焊道温度过高而导致的熔池状态不佳的现象。见图2、图3所示。

图2 改善后工件外部焊缝的表面状态

图 3　改善后工件内部焊缝的熔合状态

通过以上"诊断法"的改进，根据上述的看、听、摸的机器人操作技巧，可以很好地提高操作及编辑人员在实际工作中的技能水平，同时可以完善弧焊机器人的规范应用。每次的排查和后续的改进要进行及时的存档，为后续的改善和应用提供参考。

扫码观看视频讲解

（中车大同电力机车有限公司：王大龙）

巧用自动焊接小车焊接敞车侧墙连铁横焊缝

一、问题描述

1. C70E 侧墙连铁焊接现状

C70E 货车侧墙大体结构主要由上侧梁、侧柱、侧墙连铁、侧板、侧柱加强板、角柱加强板、斜撑组成，在 C70E 侧墙所有长直焊缝中，上侧梁与侧板的焊缝、侧柱与侧板的焊缝、侧柱与侧柱加强板的焊缝、斜撑与侧板焊缝均使用 CS-5B 小车或低成本自动焊接小车实现了自动焊接，而侧墙连铁与侧板下侧的对接横焊缝是在侧墙正面焊台位将侧墙水

下篇　机械化 MAG 技能小窍门

251

平放置后进行手工焊接的。

2. 存在问题及改进方向

C70E 侧墙焊接胎型较矮，从侧板上表面到地面只有700mm 的高度，空间狭小；要焊接 C70E 侧墙连铁与侧板对接横焊缝，手工焊接时操作者必须半蹲进行焊接，且由于工装阻碍，空间狭小，在手工焊接过程中，焊接电流、电压、焊接速度、电弧长度、焊丝干伸长等工艺参数稍微控制配合不好，就容易造成焊缝咬边、焊偏等缺陷，焊接质量受人为因素影响较大，质量波动也比较大。焊接完成后，还必须进行修焊、打磨。不仅影响侧墙焊接质量，使操作者工作量和劳动强度加大，还增加了制造成本。因此，以自动焊接代替手工焊接方式，从而有效提升该位置焊缝焊接质量是我们改进的方向。见图 1 所示。

图 1　侧墙手工焊焊接成型不良示意图

二、解决措施

1. 工艺措施

将 CS-5B 自动焊接小车改造后实现连铁与侧板的自动焊接。由于侧板与连铁焊缝前端没有可支撑小车导向轮的物体，要制作一套平行于此焊缝的挡块显然是不现实的，这样会影响侧墙的组对。为此，我们对 CS-5B 自动焊接小车构造、原理、性能进行了仔细的分析和研究，对定位导向装置进行设计，一端与焊接小车连接，另一端与安装有导向轮的连杆连接，导向轮连杆是"L"形内勾结构，导向轮安装于"L"形内勾结构的末端（如图 2 所示，以连铁为基准），焊接时定位导向轮以侧墙连铁外立面为定位基准，因定位导向轮的位置可随工件来料误差变化而自动调整，焊接过程不受工件来料误差影响，焊接时确保了定位导向轮的随行定位，焊接过程也是随行焊接；另外根据焊缝位置，对焊枪的夹紧机构进行了改造，将垂直于地面的夹持方式改为焊枪垂直于焊缝，使之符合焊接需要。经过试验，改造后的小车操作方便，易掌握，焊接速度和焊接质量大大提高，已成功运用到 C70E 等敞车侧墙连铁与侧板的批量生产中。见图 2 所示。

图2 CS-5B自动焊接小车

2.操作手法

CS-5B自动焊接小车依靠磁力吸附在侧板表面，底部有移动轮，焊枪由改造后的夹紧机构支撑，定位导向轮以侧墙连铁外立面为定位基准，因定位导向轮的位置可随工件来料误差变化而自动调整，焊接过程不受工件来料误差影响，焊接时确保了定位导向轮的随行定位，开启小车开关后，自动焊接小车前进实施焊接。

三、实施效果

采用自动焊接后，相对稳定的焊接规范和恒定的焊接速度，使得焊缝质量有了显著提高。在手工焊接条件下，容易发生的咬边、成型不良、焊缝宽窄不一等问题得到了根本性的解决，大幅度减少了焊接缺陷。焊缝外观成型美观，焊缝宽窄、熔深一致，极大地提高了 C70E 敞车侧墙的产品质量。同时，降低了质量对操作者技术水平的要求，在一定程度上缓解了多品种生产条件下，高技能员工不足给产品质量保证造成的困难。见图 3 所示。

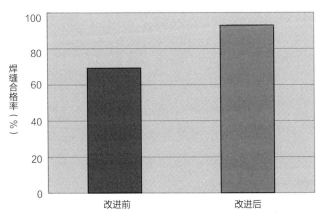

图3 改进前后一次性焊缝合格率对比

通过对 CS-5B 自动焊接小车焊枪夹持机构和定位导向装置的改造，能够实现侧墙连铁与侧板水平横位置的对接焊缝采用气体保护的自动焊接技术，改造成本低，焊缝质量稳定，且在类似产品结构中成功推广运用，具有极高的推广价值和运用价值。

扫码观看视频讲解

（中车眉山车辆有限公司：伍鸿斌，白代文，李嘉乐，万健）

小型容器机器人焊接技巧

一、问题描述

在某焊接大赛机器人焊接项目中，参赛选手操作松下焊接机器人，根据小型容器的技术文件要求和焊接特点进行编程和焊接。文件要求小型容器除了进行焊缝外观检测外还增加了水压检测，机器人操作时既要熟练掌握焊接机器人的各项操作，熟悉机器人编程语言、程序结构，还需要对机器人的焊接参数进行调整和优化等，机器人焊接操作难度系数较大。

小型容器如图 1 所示，由 10 个不同形状的板件和管件组焊而成，接头形式多样，空间位置复杂。

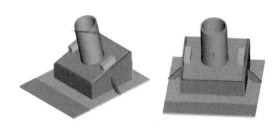

图 1　小型容器

1. 焊接设备的选择

选用松下 TM-1400 焊接机器人，此焊接机器人电源体积小、参数控制精度高、点位重复精度高等，易于实现焊接过程的控制，在性能上具有很大的潜在优势。

2. 工件材料

小型容器材料选用 Q235 钢，含碳量适中，强度、可塑性和焊接等综合性能较好，使用范围广泛。

3. 填充材料的选择

选用直径 1.0mm，ER50—6 焊丝，此种焊丝适用于焊接低碳钢和低合金钢结构的 CO_2 气保焊，焊丝特点是电弧稳定、飞溅较小、熔敷效率高，抗气孔性能好，适用于各种位置的

MAG 焊接技能小窍门

焊接。

4. 保护气体的选择

为了提高焊缝的外观成型和焊缝内在质量，选用 Ar（80%）+CO_2（20%）的混合气体，焊接效果比 CO_2 气体好，焊接时电弧稳定、飞溅小、焊缝白亮且成型美观。

5. 试件的清理组对

试件装配前应将试件焊缝两侧 10~20mm 范围内的油污、锈迹及其他污物打磨干净，直至露出金属光泽。试件的组装与定位焊点固方法为钨极氩弧焊，如图 2 所示。

图 2　试件的组装与定位焊

二、解决措施

整个小型容器由若干个空间运行点和焊接点组成：空

下篇　机械化 MAG 技能小窍门

259

间点（MOVEP）、直线焊接点（MOVEL）、圆弧焊接点（MOVEC）。焊接参数有起弧焊接参数、正常焊接参数和收弧焊接参数。机器人编程之前首先要对机器人焊枪进行 TPC 校验，校验完成后，查看机器人的 TCP 准确度在合理的范围内才能进行编程和焊接。焊接工艺参数如表 1 所示。

表 1　焊接工艺参数

接头形式	焊接方法	焊丝直径（mm）	干伸长度（mm）	电流（A）	电压（V）	气体流量（L/min）	焊接方式
对接	MAG	1.0	15	95~110	15~16.5	12~15	推焊 + 拉焊
圆管	MAG	1.0	15	140~165	17.0~19	12~15	推焊
角接	MAG	1.0	15	150~170	17.5~20	12~15	推焊 + 拉焊

1. 对接焊缝

由于小型容器板材较薄，为了减少焊接变形，首先焊接对接焊缝，如图 3 所示，在对接焊缝中间增加了拱形障碍块，为了降低从中间起弧而引起的未熔合缺陷，编程时选择从对接焊缝的两头起弧向中间焊接，在拱形障碍块下方收弧。编程时使用机器人工具坐标将焊枪的角度从起弧点的 80° 开始逐渐减小到 60°，这样是为了方便机器人焊枪从障碍块下方穿过。减小焊接收弧参数是为了防止由于焊缝过热而被烧穿。

盖板焊接采用拉焊

底板焊接采用推焊

对接焊缝从两头向中间焊，在障碍块下方接头

图 3　焊接示意图

2. 圆管焊缝

机器人焊接圆管时，由于这个小型容器的圆管是倾斜的，如图 3 所示，机器人在空间坐标系内构建圆弧就不是平面坐标系，所以圆弧点的焊枪焊接位置就会发生变化，圆弧点的分割必须要精准，如果有误差，那么机器人的运动轨迹可能会是椭圆而不是圆，导致焊枪角度偏差，造成焊偏。编程时采用圆弧命令（MOVEC）代替整圆命令，将一个圆管四等分成四个圆弧来焊接，圆弧焊接起始点的位置在圆管的最低点，这样可以降低机器人在焊接圆管时，由于焊枪位置变化产生

的焊缝焊偏缺陷。

3. 盖板焊缝

小型容器的盖板是倾斜的，盖板四周焊缝位置会发生变化。其中有两道焊缝是上坡焊和下坡焊。通过反复焊接试验得出，上坡焊时采用推焊的焊缝外观成型不如拉焊焊缝外观成型好，且容易烧穿，下坡焊也采用拉焊焊接方法，用电弧推力顶住焊缝熔池，防止熔池液体往下流淌。为了降低焊接缺陷，在盖板四周焊缝中只留一个焊接接头，起弧点和收弧点位置重合，并设定过焊量为 3~5mm。将起弧点的位置放在拐角处，转角焊缝时采用直线焊接点（MOVEL），采用该编程方式，接头数量少，焊缝质量高且外观成型美观，如图 4 所示。

4. 底板焊缝

最后对底板进行编程和焊接。由于底板上的障碍较多，障碍处的起弧点和收弧点的位置容易引起未熔合焊接缺陷，最终会影响水压试验结果，编程时注意起弧点的位置，焊枪角度要保持在 60° 左右，调整起弧参数中的电压由 20V 增加到 21V，收弧时收弧位置点要超过起弧点 3~5mm，收弧时电流衰减 50%，收弧时间 1.5s。底板焊接时需要注意在转角处容易产生咬边缺陷，通过改变机器人焊枪的运动轨迹，将直线（MOVEL）拐角改为小圆弧（MOVEC）转角，转角时焊接参数有所调整，电流电压保持不变，焊接速度比直线焊接速度减少20%。这样焊接出的转角焊缝圆滑过渡、成型美观，如图4所示。

图4　焊接完成的工件

5. 编程要点

在机器人编程过程中由于工件位置狭小，在编程之前应该先确定小型容器在工作台上的摆放位置然后再进行夹紧。防止由于位置问题对机器人工作手臂造成的限位，对各个焊接点的定点要准确，编程时空间点（MOVEP）和焊接点（MOVEL）要准确区分，防止由于命令用错而造成的错误。同时需要注意焊接参数的插入和调用。

三、实施效果

在使用松下机器人焊接小型容器中，选择以上机器人编程方法和焊接工艺。通过多次的焊接试验，基本能够做到消除焊缝缺陷，采用先焊接对接焊缝，再焊接圆管焊缝和盖板焊缝，最后焊接底板焊缝的焊接顺序，减小了焊接变形。通过设置合理的焊接工艺参数，焊缝尺寸满足要求，水压试验合格，达到大赛规定的焊缝质量评定标准。在现代焊接技能大赛中，机器人焊接项目越来越受到重视，证明了焊接机器人在现代焊接领域中的重要应用。

扫码观看视频讲解

（中车南京浦镇车辆有限公司：沈文圣，孙景南，何俊喜）